Technikphilosophische Aspekte der Automatisierungstechnik

Wolfram Ballhausen

Technikphilosophische Aspekte der Automatisierungstechnik

PETER LANG
Frankfurt am Main · Berlin · Bern · Bruxelles · New York · Oxford · Wien

Bibliografische Information der Deutschen Nationalbibliothek
Die Deutsche Nationalbibliothek verzeichnet diese Publikation
in der Deutschen Nationalbibliografie; detaillierte bibliografische
Daten sind im Internet über http://dnb.d-nb.de abrufbar.

Zugl.: Düsseldorf, Univ., Diss., 2009

Umschlaggestaltung:
Olaf Glöckler, Atelier Platen, Friedberg

Gedruckt auf alterungsbeständigem,
säurefreiem Papier.

D 61
ISBN 978-3-631-59667-8
© Peter Lang GmbH
Internationaler Verlag der Wissenschaften
Frankfurt am Main 2010
Alle Rechte vorbehalten.

Das Werk einschließlich aller seiner Teile ist urheberrechtlich geschützt. Jede Verwertung außerhalb der engen Grenzen des Urheberrechtsgesetzes ist ohne Zustimmung des Verlages unzulässig und strafbar. Das gilt insbesondere für Vervielfältigungen, Übersetzungen, Mikroverfilmungen und die Einspeicherung und Verarbeitung in elektronischen Systemen.

www.peterlang.de

Vorwort

In der vorliegenden Dissertation wurde eine auf Techniktheorie basierende Technikphilosophie entwickelt, deren Anwendungsgebiet die Automatisierung von Verfahren und Abläufen ist. Die Idee, meine Erfahrungen in dieser Disziplin mit einer Abhandlung der Philosophie zu verbinden, wurde von Herrn Prof. Dr. Gerhard Schurz mit großem Interesse aufgenommen und durch viele inspirierende und stets wertvolle Gedanken gefördert; ihm gilt für die Verwirklichung dieser Arbeit mein besonderer Dank.
Herrn Prof. Dr. Axel Bühler möchte ich für seine wertvollen und strukturierenden Anregungen danken und der Universität Düsseldorf für die Ermöglichung dieses Vorhabens.

Niederhinzing, im Februar 2009   Wolfram Ballhausen

INHALT

Vorwort 5

1. **Einleitung und zusammenfassender Überblick** 11
   1.1 Die Notwendigkeit techniktheoretischer Analysen 11
   1.2 Methode einer techniktheoretisch basierten Technikphilosophie 11
   1.3 Automatisierung als Anwendungsgebiet der Technikphilosophie 11
   1.4 Formulierung technisch-wissenschaftlicher Erfahrungen – Logische und funktionale Architektur 12
   1.5 Überprüfung technisch-wissenschaftlich Erfahrungen und Bewertung von Entwicklungsmöglichkeiten und -grenzen: Beschränkungen sicherer Technik 12
   1.6 Ethische Anforderungen 13

2. **Die Notwendigkeit techniktheoretischer Analysen** 15
   2.1 Euphorie und Ernüchterung 15
   2.2 Die Frage nach der begleitenden Technikphilosophie 16
   2.3 Technikphilosophie vor dem 20. Jahrhundert 17
   2.4 Technikphilosophie des 20. Jahrhunderts 20
       2.4.1 Technik und Natur 20
       2.4.2 Wesen der Technik, deren Entwicklung und gesellschaftliche Wechselwirkungen 20
       2.4.3 Soziologisch-philosophische Technikbetrachtung der Frankfurter Schule 24
       2.4.4 Der anthropologische Ansatz 27
       2.4.5 Handlungstheorie 27
       2.4.6 Evolutionstheorie 28
       2.4.7 Öko-Ethik 32
   2.5 Techniktheoretisch basierte Ansätze 32
       2.5.1 Der kybernetische Ansatz 32
       2.5.2 Systemtheorie 33

3. **Methode einer techniktheoretisch basierten Technikphilosophie**.. 35
   3.1 Definition der Technik 35
   3.2 Eine Methode der Techniktheorie 37

4. Automatisierung als Anwendungsgebiet der Technikphilosophie.. 41
4.1 Was ist Automatisierungstechnik? 41
4.2 Was soll Automatisierungs-Technik-Philosophie sein? 42

5. Die Formulierung technisch-wissenschaftlicher Erfahrungen – Logische und funktionale Architektur 45
5.1 Strukturierung von Automatisierungsaufgaben 45
5.2 Anforderungen an den Funktionsumfang 48
    5.2.1 Logische Grundoperationen 48
    5.2.2 Erweiterte logische Operationen 52
5.3 Programmierung 57
    5.3.1 Verknüpfungsorientierte Programmiersprachen 57
    5.3.2 Prozessgeführte Ablaufsteuerung 61
    5.3.3 Regeln der Logik 63
    5.3.4 Standard-Bausteine 74
5.4 Historie, Begriffe 76
5.5 Reaktionszeiten 77
5.6 Regelung 78
5.7 Sicherheit, Verfügbarkeit 84
5.8 Sicherheitsgerichtete Steuerungssysteme 89
    5.8.1 Funktionsprinzipien sicherheitsgerichteter Steuerungssysteme 89
    5.8.2 Lehrreiches Beispiel eines unvorteilhaften Redundanzkonzepts 92
5.9 Programmierer 93

6. Die Überprüfung technisch-wissenschaflicher Erfahrungen und die Bewertung von Entwicklungsmöglichkeiten und -grenzen: Beschränkungen sicherer Technik 97
6.1 Paradoxien und Widersprüche 97
6.2 Logische Grenzen sicherheitstechnischer Konstruktionen 99
    6.2.1 Grenzen paralleler Doppelrechnersysteme 99
    6.2.2 Grenzen serieller Doppelrechnersysteme 100
    6.2.3 Grenzen redundanter Systeme mit 2-aus-3-Auswahl 101
    6.2.4 Auswahl des „besten" Systems 102
    6.2.5 Logische Grenzen der redundanten Zustandserfassung ... 103
    6.2.6 Die subjektive Positionierung logischer Grenzen 106
    6.2.7 Grenzen der Selbstüberwachung - Übewacht sich das System wirklich selbst? 108
6.3 Techniktheoretische Prüfung der „logischen Grenzen" 111

7. Ethische Anforderungen	115
7.1 Die Frage der ethischen Pflicht zu technisch-wissenschaftlich „sauberer und professioneller" Arbeit	118
7.2 Anwendung allgemeiner ethischer Orientierungen auf die Probleme von technisch-wissenschaftlicher Erkenntnis	120
7.2.1 Soziale Aspekte für das Individuum	122
7.2.2 Globale soziale Aspekte	124
7.2.3 Moralphilosophische Aspekte	125
8. Resümee	127
8.1 Zusammenfassung wichtiger Aussagen	127
8.2 Thesen und Perspektiven	129
9. Literaturverzeichnis	131

1. Einleitung und zusammenfassender Überblick

1.1 Die Notwendigkeit techniktheoretischer Analysen

Sowohl zu optimistische als auch übertrieben pessimistische Einschätzungen zu globalen technischen Entwicklungen werfen die Frage nach einer kompetenten und Orientierungshilfe bietenden Technikphilosophie auf. Bisherige technikphilosophische Arbeiten beschäftigen sich im wesentlichen mit den gesellschaftlichen Voraussetzungen und Auswirkungen der Technisierung und setzen dabei die Erreichbarkeit technischer Funktionalität stillschweigend voraus. Dies wird im 2. Kapitel anhand historischer Beispiele dargelegt.

Anstelle einer Schwerpunktsetzung auf kulturelle und soziale Aspekte soll in dieser Arbeit, in Anlehnung an eine Methode der Wissenschaftstheorie, eine auf Techniktheorie basierende Technikphilosophie entwickelt werden. Das Anwendungsgebiet dieser techniktheoretischen Untersuchung ist hierbei die Automatisierungstechnik, insbesondere auch die logische Unvereinbarkeit von erhöhter Verfügbarkeit und erhöhter Sicherheit.

1.2 Die Methode einer techniktheoretisch basierten Technikphilosophie

Aus den in Kapitel 2 genannten Gründen wird im 3. Kapitel versucht, eine Methode der techniktheoretischen Prüfung zu entwickeln. Dies geschieht in Anlehnung an die von Schurz (2006) entwickelte Methode der wissenschaftstheoretischen Prüfung, welche auf der Grundlage eines allgemeinen erkenntnistheoretischen Modells die deskriptive und die normative Komponente der Methode der rationalen Rekonstruktion vereint.

1.3 Automatisierung und Technikphilosophie

Die Automatisierungstechnik wird der Anwendungsbereich unserer techniktheoretisch basierten technikphilosophischen Untersuchung sein. Sie wird im 4. Kapitel als die Anwendung frei programmierbarer Logik und Arithmetik auf industrielle Prozesse dargelegt, wobei den logischen Anwendungen, insbesondere auf dem Gebiet der sicherheitsgerichteten Steuerungstechnik, das größere Gewicht zukommt. Die quasi direkte Umsetzung logischer Sprache in physikalische Funktion, die Erfahrung der Relevanz logischer und technischer Grenzen sowie die enge Berührung mit ethisch-sozialen Fragen bilden hierbei den besonderen Bezug der Automatisierungstechnik zu Grundfragen der Philosophie.

1.4 Die Formulierung technisch-wissenschaftlicher Erfahrungen - Logische und funktionale Architektur

Gemäß der im 4. Kapitel entwickelten Methode der techniktheortischen Prüfung werden im 5. Kapitel zunächst die relevanten technisch-wissenschaftlichen Fakten und Erfahrungen zusammengestellt. Diese umfassen strukturelle Aspekte, Anforderungen an den Funktionsumfang und die Programmierung sowie die Definition der Begriffe der Steuerung, Regelung, Sicherheit und Verfügbarkeit. Populäre Programmiersprachenkonzepte zur Bewältigung logischer Aufgabenstellungen werden untersucht und hierbei auch gemeinsame Aspekte der Programmierlogik und der Aussagenlogik gegenübergestellt. Die logisch-kritische Analyse der grundlegenden Architekturen redundanter Steuerungssysteme soll klären, welchen Anforderungen sicherheitsgerichteter Steuerungsaufgaben entsprochen wird.

1.5 Die Überprüfung technisch-wissenschaftlicher Erfahrungen und die Bewertung von Entwicklungsmöglichkeiten und – grenzen: Beschränkungen sicherer Technik

Mengentheoretische Paradoxien, formale Widersprüche durch argumentative oder interpretatorische Fehler oder bestimmte programmtechnischmathematische Fehler werden von syntaktischen Prüfmechanismen nicht erkannt und können bei unbemerkter Implementierung Programmabstürze und somit Schäden verursachen. Dies sollte jedoch bei hinreichend sorgfältiger Arbeitsweise vermeidbar sein. Beschränkungen der Leistungsfähigkeit von Automatisierungstechnik sind daher weniger versteckte Fehlerquellen als vielmehr Funktionalitätsgrenzen technischer, speziell redundanter Einrichtungen aufgrund logischer Regeln. Es werden im 6. Kapitel technisch-logische Grenzen paralleler und serieller Doppelrechner sowie dreifach redundanter Rechner mit Mehrheitsentscheidung analysiert. Als eine entscheidende Problematik erweist sich die logisch richtige Auswahl gleich- oder verschiedenartiger Signale bei der redundanten Zustandserfassung. Die Subjektivität der Auswahlkriterien zeigt sich hier als unvermeidlich. Der Begriff der Selbstüberwachung wird mit den Fragen der Überwachung der Metaebene, der Praktikabilität ringförmiger Strukturen und des Zirkelfehlerprinzips konfrontiert. Die Analysen dieses Kapitels werden mittels der entwickelten techniktheoretischen Prüfkriterien kritisch hinterfragt.

1.6 Ethische Anforderungen

Hier werden zunächst Fragen der Begründbarkeit ethischer oder moralischer Normen besprochen sowie Fragen der Unterteilung ethischer Positionen nach Motivationen und nach moralphilosophischen Objektivisten oder Subjektivisten. Die Relevanz ethischer Normen und Werte für die unterschiedlichen Phasen eines wissenschaftlichen oder technischen Projektes wird ebenfalls erörtert. Im Anschluß folgt die Prüfung der ethischen Pflicht zu technischwissenschaftlich „sauberer und professioneller Arbeit", sowohl nach subjektiven als auch nach objektiven Maßstäben, wobei nach objektiven Begründungsstrategien gesucht wird. Die logische Ableitbarkeit spezifischer Handlungsnotwendigkeiten aus akzeptierten ethischen Werten erweist sich jedoch aufgrund des Problems konkurrierender bzw. unerwünschter Nebenwirkungen und Fernwirkungen als nicht allgemein gegeben. Die Erörterung sozialer Aspekte bildet das vorletzte Kapitel der Arbeit. Darunter fallen einerseits soziale Aspekte für das Individuum, wie die Verdrängung zyklisch-sequentieller Arbeitstätigkeiten durch automatisierte Produktion, und andererseits globale soziale Aspekte, wie die Verpflichtung zu federführender technologischer Entwicklung aufgrund bestehenden Erfahrungsvorsprungs. Die Erörterung moralphilosophischer Aspekte, wie die Frage des Handelns oder Nicht-Handelns angesichts unzureichender Berechenbarkeit von Fernwirkungen, bildet den Abschluß der Arbeit.

2. Die Notwendigkeit techniktheoretischer Analysen

2.1 Euphorie und Ernüchterung

Der Glaube an die stets fortschreitende technische Perfektion und deren Nutzen wurde gegen Ende des 20. Jahrhunderts durch die deutliche Wahrnehmung sowohl der Endlichkeit globaler Ressourcen als auch der Auswirkungen technischer Nebenwirkungen auffällig stark gedämpft. Dies zeigt sich unter anderem anhand der technikkritischen, sogenannten „grünen" Bewegung, welche eine der bedeutendsten Geistesströmungen der letzten Jahrzehnte politisch repräsentiert.

Die Erwartungen an die technischen Möglichkeiten waren zuvor durch bemerkenswerte Kraftakte, wie den Flug des Menschen zum Mond, sowie durch den individuell erfahrbaren technischen Fortschritt, wie durch die Verfügbarkeit eines eigenen Autos oder eines eigenen Telefonanschlusses, auf hohes Niveau getrieben worden.
So erwarteten Wissenschaftler in der Naturwissenschaftlichen Rundschau (Heft Nr.7, Juli 1967 / Urban, 1993, „Wissenschaft"):
- 1975 werde es möglich sein, die Entstehung von Hurricans zu verhindern.
- 1982 werde eine permanente Basis auf dem Mond ständig mit 10 Menschen besetzt sein.
- 1986 gelänge die kontrollierte Kernfusion.
- 1990 werde der Mensch auf der Erde das Klima nach eigenem Willen gestalten können.
- 1994 werde es global einen generellen Impfschutz gegen alle Bakterien- und Virenerkrankungen geben.

Ein Grund für diese Fehleinschätzungen war, dass die erreichten Erfolge zum Teil zwar spektakulär waren, ihre Komplexität aber bedeutend geringer ist als die Lösung der optimistisch angekündigten weiteren Aufgaben. Letztere verlan- gen die Kontrolle von erheblich mehr Parametern und die Anzahl der Freiheitsgrade dürfte um viele Größenordnungen über jener der damals erfolgreich durchgeführten Projekte liegen. Offenbar ist es eine menschliche Eigenschaft, eigene Erfahrungen, insbesondere kurz zurückliegende, zu stark zu bewerten. Dies wäre eine Erklärung für die leichtfertige Extrapolation der damaligen technischen Erfolge und für das fast grenzenlose Vertrauen in die technischen Möglichkeiten.

2.2 Die Frage nach der begleitenden Technikphilosophie

Eine die Entwicklung kompetent begleitende Technikphilosophie hat in dieser Zeit von Euphorie und Ernüchterung offenbar keinen entscheidenden Einfluß ausgeübt. Es ist natürlich schwierig, die technische Entwicklung, welche sich häufig im Grenzbereich von Erfahrung und Vorstellungsvermögen bewegt, zu prognostizieren. Dies wird auch durch die Erkenntnisse der Chaostheorie untermauert (vgl. Schurz, 1996), in welcher Systeme mit vielen freien Variablen behandelt werden. In diesen haben kleine Ursachen nicht mehr notwendigerweise kleine Wirkungen und daher können letztere nicht mehr mit Sicherheit berechnet werden.

Die Analyse technischer Entwicklungsgrenzen im Sinne einer die Techniktheorie beinhaltenden Technikphilosophie, analog zur Wissenschaftstheorie als Teilbereich der Wissenschaftsphilosophie, hatte bisher keine Bedeutung.

Die Technikphilosophie hat in der Geschichte vor dem 20. Jahrhundert die Technik im wesentlichen als Werkzeug des Menschen zum Schaffen kultureller Ordnung gegen die Kräfte der Natur, als Anwendung wissenschaftlicher Erkenntnis sowie als Erweiterung der Möglichkeiten des Mängelwesens Mensch begriffen.
Mit fortschreitender Technisierung werden zunehmend die Folgen dieses Prozesses relevant, was die technikphilosophischen Werke des 20. Jahrhunderts maßgeblich beeinflusst. Es werden die Auswirkungen auf Natur, Arbeit, Wirtschaft, Gesellschaft, Politik, Kunst, Kultur, Religion und auch auf die Naturwissenschaften analysiert und erörtert.
Es wird hierbei offenbar angenommen, der technologisch-funktionelle Aspekt sei, abgesehen von der Problematik der Ver- und Entsorgung, nur eine Frage technischer Perfektion und eindeutig bestimmbar oder sei nur die Frage eines gegen technische Perfektion konvergierenden Entwicklungsprozesses. Die Techniktheorie bildet in der bisherigen technikphilosophischen Geschichte deswegen keinen Schwerpunkt. Dies soll in den folgenden Kapiteln kurz dargelegt werden.

2.3 Technikphilosophie vor dem 20. Jahrhundert

Technik wurde bereits im antiken Griechenland als kulturbildende Kraft angesehen. Ackerbau, Hausbau und Handwerkskunst mit den Vorteilen der Versorgungssicherung und Bedürfnisbefriedigung werden den Nachteilen schwindender Naturerfahrung in Tragödien und Literatur gegenübergestellt.

Homers (ca. zwischen 750 und 650 v. Chr.) Odysseus kämpft mit List und Technik gegen die Gefahren und Verlockungen der teilweise rätselhaften und geheimnisvollen Natur (Hubig, 2000, S. 21).

Heraklit von Ephesus (ca. 550–480 v. Chr.) werden Sätze zugeschrieben, die auch heute das informationstechnische Zeitalter passend begleiten. *„Der Krieg ist der Vater aller Dinge"* trifft zwar nicht wirklich auf alles zu (vieles Erstrebenswerte entspringt nicht dem Krieg, sondern dem Frieden), doch viele Bereiche der Technikentwicklung, auch die moderne Computertechnik, kamen letztlich aus der Militär- und Weltraumforschung. *„Alles fließt"* (der Ursprung bei Heraklit ist allerdings umstritten) passt zur Idee der Kybernetik, technische und gesellschaftliche Prozesse als regeltechnische Abläufe zu betrachten. Es „fließen" Wärmemengen, Stoffmengen, Informationsmengen, Personenmengen, initiiert durch Wärmegradienten, Konzentrationsgradienten, Informationsunterschiede, gesellschaftliche Gefälle, bestimmt durch Wärmeübergangskoeffizienten, Stoffübergangskoeffizienten, Baudraten, Markt und Gesetze. Das Verständnis dynamischer Vorgänge zeigt sich in auch seinem Satz *„Niemand kann zweimal in dem selben Fluss baden"*.

Sokrates (ca. 470-399 v. Chr.) stellt der handwerklichen Routine das theoretische Wissen des Technikers über die zu bearbeitenden Naturstoffe und die eingesetzten Mittel gegenüber (Hubig, 2000, S. 22). Die altgriechische Bedeutung von "techne" als 'Fähigkeit', 'Kunstfähigkeit', 'Handwerk' hat selbst einen Bezug zur 'List'.

Aristoteles (384-322 v. Chr.) analysiert, dass Technik gegenüber den betrachtenden Wissenschaften auf das Vermögen hin betrieben wird, das „Entgegengesetzte" zu errichten (Hubig, 2000, S. 23). Seine Auffassung erahnt treffend die Ordnungs- bzw. Potentialunterschiede schaffende Funktion der Technik gegenüber den verschiedenen natürlichen Potentialgefällen, wie sie im zweiten thermodynamischen Hauptsatz beschrieben werden. Erfahrungsgestützte Klugheit ist bei Aristoteles die Basis für das richtige Maß der im weitesten Sinne technischen Handlung. Letztere umfasst auch die Tätigkeit des Politikers als gesellschaftlicher Architekt.

Thomas von Aquin (1224-1274) repräsentiert die mittelalterliche Haltung zur Technik. Diese hat für ihn nur begrenzte, mechanische Ziele. Technisches Wissen beschränkt sich weitestgehend auf den Bereich der Herstellungsanleitungen. Moral, Motivation und Ethik werden aus dem Bereich „Technik" ausgeklammert (Hubig, 2000, S. 26). Es ist bemerkenswert, dass gerade ab dem 13. Jahrhundert in Europa in verstärktem Maße Wasserkraft und Wasserräder für Getreidemühlen, für Kleiderherstellung, für das Betreiben von Minen und im Bereich der Metallurgie verwendet wurden und hierbei erstmals in volkswirtschaftlichen Dimensionen Maschinen statt Menschen Arbeit erledigten und damit die Vorstufe der industriellen Revolution begründet wurde (Basalla, 1988, S. 147).

Francis Bacon (1561-1626) sieht nicht die Deduktion, wie seit Aristoteles gelehrt, sondern die Induktion als **die** Schlußmethode der Forschung sowie die Anwendung der Wissenschaft auf die Beherrschung der Natur als wesentliche Aufgabe. Dies war eine entscheidende „Denkwende", welche zunächst die naturwissenschaftliche und darüber die technische Entwicklung stark beeinflußte.

René Descartes (1596-1650) sieht die Natur und deren Phänomene durch berechenbare mechanische Prinzipien bestimmt, die durch technische Konstruktionen nachgebildet werden können (Hubig, 2000, S. 28).

Isaac Newton (1642-1727) setzte mit seinen 3 Axiomen (1. Trägheitsgesetz, 2. Beschleunigung ist proportional und gleichgerichtet der verursachenden Kraft, 3. Actio = Reactio) und der in seinem Hauptwerk „Philosophiae naturalis principia mathematica" (1687) begründeten sogenannten Newton'schen Mechanik einen Meilenstein für die weitere naturwissenschaftliche Entwicklung, welche wiederum die technische Entwicklung beschleunigte.

Gottfried Wilhelm Leibniz (1646-1716) bezieht sich auf Descartes, betont darüber hinaus die Ästhetik technischer Artefakte im Sinne von Ordnung, Harmonie, Widerspruchsfreiheit, gekoppelt mit einem vorgeahnten Darwinschen (1809-1882) „Survival of the Fittest" als Erfolgsmuster sowohl für natürliche, göttliche, als auch für artifizielle, vom Menschen erschaffene Konstruktionen.
„Leibniz denkt entsprechend in technischen Systemen, die auf Selbstregulierung und Automation gerichtet sind, der Vervollkommnung des Handelns als Vergrößerung des Gemeinwohls, eben der Harmonie dienend, konkret der Bedürfnisbefriedigung des Mängelwesens und seiner Commodität" (Hubig, 2000, S. 30). Theorie und Praxis sieht Leibniz in einem sich gegen- und wechselseitig inspirierenden Abhängigkeitsverhältnis.

Immanuel Kant (1724-1804) zieht das Technik betreibende Subjekt mit ins Kalkül, dessen Geschick es obliegt, die entstandenen Werke vor der „Urteilskraft" bestehen zu lassen. Er erweitert hierbei die technische Zweckmäßigkeit zum Prinzip unserer natürlichen Umwelt. Die „Technik der Natur" funktioniere zweckorientiert und nach dem Prinzip des kleinsten Aufwandes. Dies lehnt sich an die Ideen von Descartes und Leibnitz an. Die Technik der Natur habe die empirisch messbaren Kausalgesetze als Mittel und die natürlichen Phänomene als Zweck. Dieser Zweck werde in ethischer Betrachtung erweitert zur Würde und Freiheit des Menschen (Hubig, 2000, S. 33).

Georg Wilhelm Friedrich Hegel (1770-1831) erfasst die technische Evolution durch das Beschreiben der Zwecke technischen Tuns wiederum als Mittel zur Realisierung höherer Zwecke (S. 35). Er erkennt die Ambivalenz „Herrschaft und Knechtschaft" in unserem Verhältnis zur Technik; die Herrschaft umfasst den schöpferischen Teil sowie das Nutznießen technischer Installationen, die Knechtschaft wird durch das Arbeiten unter Vorgaben und Ansprüchen charakterisiert. Des weiteren verweist er auf die Ersetzbarkeit menschlicher Arbeitskraft durch Maschinen bei entsprechender Spezifizierung der einzelnen Arbeitsschritte.

Ernst Kapp (1808-1896) versteht technische Konstruktionen als eine Projektion des menschlichen Organismus, in welcher der Mensch auch sein Wesen wiedererkennen kann. So könne man etwa optische und akustische Instrumente als Analogien der entsprechenden Sinnesorgane, oder Pumpen und Telegrafenleitungen als technischen Ausdruck des Herzmuskels oder des Nervensystems begreifen. Kapp versteht dieses Projektionsmodell als allgemeines Gesetz, wobei er für zukünftige Techniken als Projektionsquellen auch Psyche und Geist zulässt (Huning, 2000, S. 206f).

Die Methodik der Untersuchung technischer Entwicklungsmöglichkeiten im Sinne eines techniktheoretischen Ansatzes spielt in den angeführten Beispielen und Werken offenbar keine wesentliche Rolle.

2.4 Technikphilosophie des 20. Jahrhunderts

Die Technikphilosophie des 20. Jahrhunderts beschäftigt sich hauptsächlich mit den Bedingungen und den Folgen der Technisierung. Eine gewisse Ausnahme bilden die techniktheoretischen Ansätze im Umfeld der Kybernetik.

2.4.1 Technik und Natur

Ernst Bloch (1885-1975) versteht unter der Welt die Gesamtheit des Wirklichen und des real Möglichen. Hierbei sind „Werkzeuge und ihr bewusster Gebrauch" Grundlage der Zivilisation (Bloch, 1959, S. 731). Er vertritt den normativ-politisch-moralischen Standpunkt und befindet sich dabei eher im Übergangsbereich von Technikphilosophie zu sozialphilosophischer Technikbetrachtung. Der gelungene Einsatz der Technik zwischen dem Wissen und Wollen des Menschen und den Gesetzen der Natur ist für Bloch an kritische und spekulative Vernunft gebunden.

Kritische Vernunft soll die Gefahren technischen Tuns auch außerhalb des direkten Wirkungskreises berücksichtigen. Spekulative Vernunft soll darüber hinaus nicht empirisch messbare Auswirkungen (wie etwa kumulative Effekte) mit ins Kalkül einbeziehen (s.a. Holz, 2000, S. 92).

2.4.2 Wesen der Technik, deren Entwicklung und gesellschaftliche Wechselwirkungen

Eine sehr breit angelegte Einführung in Geschichte und Wesen der Technik gibt Friedrich Rapp (*1932) in seinen Werken. Einen guten Überblick bietet er in seinem Aufsatz „Die Leistungen der Technik und ihr Preis" (Rapp, 1978, S. 271-274). Hierbei wird zunächst die Historie skizziert (S. 271):

„Der beschleunigte technische Wandel hat den Charakter einer schicksalhaften Macht angenommen und ist weithin zur maßgeblichen Instanz für das ökonomische, politische und soziale Geschehen geworden. .... Als biologisches Mängelwesen war der Mensch seit jeher auf technische Hilfsmittel angewiesen, um seine physikalische Existenz sichern zu können. ...
Im 19. Jahrhundert vereinigten sich die bis dahin primär durch die Praxis der Handwerkstradition bestimmte Technik und die ursprünglich aus der philosophischen Theorienbildung hervorgegangene mathematische Naturwissenschaft zu einem umfassenden technisch-wissenschaftlichen Prozess. ...
Seit der Frühindustrialisierung hat sich die stürmische technische Entwicklung dann in verschiedenen Schüben (Chemotechnik, Elektrotechnik, Computertech-

nik, Automation, Kerntechnik) fortgesetzt, so dass man eigentlich von einer permanenten industriellen Revolution sprechen müsste. ..."
Zu ergänzen wäre hier die Kommunikationstechnik und die Gentechnik, die erst nach der Veröffentlichung dieses Aufsatzes 1978 ihr volles Wirken entfalteten. Weiterhin werden positive wie negative Resultate der technischen Entwicklung gegenübergestellt (S. 271):
„Dabei sind die positiven Resultate der Technik keineswegs auf physische Erleichterungen beschränkt: Vergrößerte Freizeit, vielfältige Reisemöglichkeiten und verbesserte Reproduktionstechniken erleichtern den Zugang zu den Kulturgütern und schaffen damit die Möglichkeit zur individuellen Entfaltung. Ausgeblieben ist allerdings die erhoffte moralische Vervollkommnung, obwohl gerade die gesteigerten technischen Aktionsmöglichkeiten – etwa im Fall der Rüstungstechnik – ein besonders hohes Maß an Verantwortung voraussetzen."
Ebenso wichtig wie die moralische Vervollkommnung wäre hier noch der Überblick über die Resultate technischen Tuns. Beim Einsatz der Rüstungstechnik mag das eine weniger wichtige Komponente sein, da man um die katastrophalen Folgen bei deren Einsatz weiß.
Bei anderen Techniken mit ebenfalls länderübergreifenden Bedrohungsszenarien, wie der Kerntechnik oder der Gentechnik, schließt Verantwortung neben der Moral den Überblick über potentielle Szenarien und Folgeszenarien unbedingt mit ein.

Die Entwicklung technischer Konstruktionen wird bezüglich der gesellschaftlichen Verantwortung relativ pessimistisch beschrieben (S. 272):
„Die Leistungsfähigkeit der modernen Technik beruht ... auf einer durch Spezialisierung und Arbeitsteilung in allen Details systematisch ausgearbeiteten methodischen Verfahrensweise. Doch diese instrumentelle Rationalität bleibt auf den ingenieurtechnischen Aspekt beschränkt. Die so hergestellten technischen Gebilde werden dann ohne Rücksicht auf die darüber hinaus gehenden weiteren Auswirkungen in den Strom des sozialen und kulturellen Geschehens entlassen."
Dem wäre entgegenzuhalten, dass neben dem ingenieurtechnischen Aspekt durchaus soziale und kulturelle Rahmenbedingungen für Produktentwicklungen wichtig sind, meist allerdings eher mit umsatzorientierter als mit soziologisch-ethischer Motivation. Die sozialen und kulturellen Auswirkungen werden wahrgenommen und analysiert und primär aus der Perspektive der Aussicht auf unternehmerischen Erfolg bewertet.

Die gesellschaftlichen Auswirkungen beschreibt Rapp weiter (S. 272):

„Die Entlastung von den Problemen physischer Daseinsbewältigung, die durch die moderne Technik erreicht wurde, führt zugleich auch zu einer gewissen Belastung durch die technikorientierte Lebensweise. ...
Durch die systematisch perfektionierte wissenschaftliche Forschung und technische Entwicklung werden immer neue Produkte und Verfahren bereitgestellt, die wegen ihrer verbesserten technischen Leistungsfähigkeit allgemeinen Anklang finden.
Der technische Fortschritt ist damit zu einer autonomen und gleichzeitig anonymen Instanz geworden, die sich ... überall durchsetzt, wo die innerhalb der technisierten Welt auftretenden Probleme, wie etwa der Datenschutz oder die Reduzierung der Umweltbelastung, ihrerseits wiederum nur durch zusätzliche technische Maßnahmen bewältigt werden können. Die technischen Sachzwänge schränken den Handlungsspielraum zunehmend ein, so dass im Grenzfall das Urteil der Experten an die Stelle einer politischen Entscheidung tritt. In sozialer Hinsicht führen die Zwänge der sich ausbreitenden Großtechnik also zu der Gefahr eines technokratischen Staates."
In dieser Einschätzung wird außer Acht gelassen, dass die Reduzierung der Umweltbelastung auch ohne Technik wichtig wäre, falls etwa Milliarden Menschen mit Feuerstellen die Luft und mit Fäkalien die Gewässer belasten würden. Die Aufgabe der Reduzierung der Umweltbelastung wird also nicht erst durch die technische Entwicklung gestellt. Dennoch soll die Technokratiegefahr, beispielhaft manifestiert anhand der scheinbar unaufhaltsamen Verbreitung der Datentechnik, nicht grundsätzlich in Abrede gestellt werden.
Weiterhin widerspricht Rapp der These vom verselbständigten Technisierungsprozess und betont die Wahlfreiheit der handelnden Individuen (S. 273): *„Weder die forcierte Forschungs- und Entwicklungsarbeit noch die praktische Umsetzung der jeweiligen Resultate unterliegen einem technologischen Imperativ, der vorschreibt, dass die gegebenen Handlungsmöglichkeiten voll auszuschöpfen seien. ...*
Die Natur- und Ingenieurwissenschaften sagen uns nur, was wir tun können, aber nicht, was wir tun sollen. ...
Erst die Vorgabe bestimmter Wert- und Zielvorstellungen führt dann zu konkreten Handlungsanweisungen. Der Eindruck, dass hier gleichwohl unabdingbare Handlungszwänge vorliegen, kommt nur dadurch zustande, dass man stillschweigend bestimmte Zielvorstellungen und Wertpräferenzen voraussetzt, die als selbstverständlich gelten und deshalb gar nicht weiter hinterfragt werden."
Rapp schließt mit der Forderung nach einer global wirkenden technikadäquaten „Fern-Ethik", da die alte „Nah-Ethik" der geringfügig in die Natur eingreifenden Handwerkstechnik mit ihren *„fest eingewurzelten überkommenen Wertvorstellungen und Verhaltensweisen"* der neuen Situation nicht mehr gerecht wird (S. 274).

Hans Lenk (*1935) schreibt in dem Artikel „Zu einer pragmatischen Sozialphilosophie der technischen Intelligenz und der Technik" (Lenk, 1982, S. 145-197): *„Die Menschheit ist heute mehr denn je auf eine vernünftige Abwägung und Ausgewogenheit, auf einen mittleren Weg zwischen extremem Fortschrittsoptimismus und Technikpessimismus, zwischen einer eindimensionalen technokratischen Gesellschaftsordnung und einem technik- wie leistungsfeindlichen neoromantischen Rückfall angewiesen."* (S. 194)
Die Verantwortlichkeit, auch angesichts unübersichtlicher Dynamik und unabschätzbarer kumulativer Effekte, beschreibt Lenk in dem Aufsatz „Herausforderung der Ethik durch technologische Macht. Zur moralischen Problematik des technischen Fortschritts" (Lenk, 1982, S. 198-248):
- *„Über die traditionelle Verursacherverantwortung hinaus übernimmt der Mensch eine sorgende Heger- und Verhinderungsverantwortung."* (S. 241)
- *„Die erweiterte Verantwortlichkeit richtet sich besonders auch auf die Zukunft, auf die künftige Existenz der Menschheit, der nachfolgenden Generationen."* (S. 241)
- *„Angesichts der Entwicklungsdynamik, der Orientierungs- und Bewertungsschwierigkeiten können kaum ethische Generalrezepte über die konstanten Grundverantwortlichkeiten gegeben werden. Daher ist die einzige Möglichkeit, sich den künftigen ethischen Herausforderungen gewachsen zu zeigen, die moralische Bewusstheit"* (S. 243).
Trotz der oben formulierten Absage an eine technikfeindliche Haltung und des Appellierens an Ausgewogenheit möchte Lenk in seinem Werk „Pragmatische Philosophie" offenbar nicht das Streben nach wissenschaftlicher Tiefe bei technischen Entwicklern gelten lassen (Lenk, 1975, S. 269): *„Obwohl die naturwissenschaftliche Experimentalforschung in ein immer engeres vielseitiges Bedingungsverhältnis zur technischen Entwicklung gerät - physikalische Effekte ermöglichen neue Technikbereiche, und neue technische Präzisionsgeräte eröffnen neue Experimentierniveaus-, so führt doch die unterschiedliche Zielsetzung zu methodologischen und forschungsorganisatorischen Unterschieden, die nicht zu vernachlässigen sind. In technischen Entwicklungen werden Haltbarkeit, Verlässlichkeit, Standardisierung und Routinisierung, Schnelligkeit und Effektivität höher bewertet als theoretische Tiefe, Reichweite, Präzision, Wahrheit und riskante Neuansätze, die den Fortschritt in der Wissenschaft hervorbringen. ...Know-how ist nicht theoretisches Wissen, ...praktischer Erfolg ist nicht Wahrheitsgarantie."*
Diese Sichtweise blendet unter anderem die wissenschaftliche Tiefe aus, welche zum Erlangen sowohl von Erkenntnis als auch von Patenten und somit zum Schaffen neuer Technologien häufig die Basis ist. Diese „enge" Sicht des Spektrums technischer Aktivitäten zeigt sich ebenfalls in: *„......erfolgreiche Know-*

how-Regeln sind mit verschiedenartigen theoretischen Gesetzen verträglich." (Lenk, 1975, S. 269) Techniktheoretische Ansätze finden sich hier offenbar nicht.
Die von Lenk oben angeführte Separierung der Aktivitäten von Naturwissenschaft und Technik, sowohl bezüglich des Arbeitsbereichs als auch der Methodik, war auch schon im 20. Jahrhundert, mit technischer Forschung und Entwicklung für naturwissenschaftliche Forschungseinrichtungen und naturwissenschaftlicher Forschung in technischen Entwicklungsabteilungen, keine adäquate Beschreibung mehr.

2.4.3 Soziologisch-philosophische Technikbetrachtung der Frankfurter Schule

Herbert Marcuse (1898-1979) sieht 1964 in seinem Buch „Der eindimensionale Mensch" (deutsche Ausgabe 1967) Technik als Hilfsmittel bei der Errichtung eines bürokratisch-technischen Apparates, dem die Menschen unterworfen sind: *„Angesichts der totalitären Züge dieser Gesellschaft lässt sich der traditionelle Begriff der Neutralität der Produktivkräfte nicht mehr aufrecht erhalten."* (Marcuse, 1989, S. 14)
Er beschreibt die technische Entwicklung als technokratisch geprägt, d.h. technologische Sachzwänge haben Vorrang vor sozialen oder demokratischen Aspekten (Marcuse, 1989, S. 173): *„In diesem Universum liefert die Technologie auch die große Rationalisierung der Unfreiheit des Menschen und beweist die "technische" Unmöglichkeit, autonom zu sein, sein Leben selbst zu bestimmen... Denn diese Unfreiheit erscheint weder als irrational noch als politisch, sondern vielmehr als Unterwerfung unter den technischen Apparat, der die Bequemlichkeit des Lebens erweitert und die Arbeitsproduktivität erhöht. Technologische Rationalität schützt auf diese Weise eher die Rechtmäßigkeit von Herrschaft als dass sie sie abschafft, und der instrumentalistische Horizont der Vernunft eröffnet sich zu einer auf rationale Art totalitären Gesellschaft."*

In dem auch 1964 veröffentlichten Aufsatz „Industrialisierung und Kapitalismus im Werk Max Webers" bezweifelt er das Vorhandensein objektiver technischer Vernunft (Marcuse, 1984, S. 97): *„Der Begriff der technischen Vernunft ist vielleicht selbst schon Ideologie. Nicht erst ihre Verwendung, sondern schon die Technik ist Herrschaft (über die Natur und über den Menschen), methodische, wissenschaftliche, berechnete und berechnende Herrschaft. Bestimmte Zwecke und Interessen der Herrschaft sind nicht erst nachträglich und von außen der Technik oktroyiert - sie gehen schon in die Konstruktion des technischen Apparats selbst ein; die Technik ist jeweils ein geschichtlich-*

gesellschaftliches Projekt; in ihr ist projektiert, was eine Gesellschaft und die sie beherrschenden Interessen mit den Menschen und mit den Dingen zu machen gedenken. Ein solcher Zweck der Herrschaft ist 'material' und gehört insofern zur Form selbst der technischen Vernunft."

Gegen Ende des Werkes „Der eindimensionale Mensch" relativiert Marcuse seine pessimistische Technikkritik (Marcuse, 1989, S. 246): *„Als ein Universum von Mitteln kann die Technik ebenso die Schwäche wie die Macht des Menschen vermehren."* Interessant ist hierbei seine Perspektive einer hochentwickelten Industriegesellschaft: *„In den bestehenden Gesellschaften hätte die fortwährende Anwendung wissenschaftlicher Rationalität mit der Mechanisierung aller gesellschaftlich notwendigen aber individuell repressiven Arbeit einen Endpunkt erreicht."* (S. 241) *„Aber diese Stufe wäre auch das Ende und die Grenze der wissenschaftlichen Rationalität in ihrer bestehenden Struktur und Richtung. Weiterer Fortschritt würde den Bruch bedeuten, den Umschlag von Quantität in Qualität."* (S.242) Marcuse ahnt anscheinend, dass die Mechanisierung im Sinne des Schaffens wiederholbarer Arbeitsvorgänge ein (für den eingebundenen Arbeiter unter Umständen quälender) Zwischenschritt für die vollständige Automatisierung dieser Vorgänge ist. Pressler (1964, S. 13) schreibt hierzu im selben Jahr: *„Das Zeitalter der Mechanisierung, in dem der Mensch ... Maschinen und Produktionsanlagen erfand, ist abgelöst worden durch das Zeitalter der Automatisierung ... ."*

Jürgen Habermas (*1929) , wie Marcuse Vertreter der sog. Frankfurter Schule mit soziologisch-philosophischem Hintergrund, sieht 1968 ebenfalls Technik und Wissenschaft als Unterstützung der Herrschaftslegitimation und die Technokratie als Regierungsform einer verwissenschaftlichten Politik (S. 74). Allerdings greift auch er Marcuses relativierende Aussage *„Als ein Universum von Mitteln kann die Technik ebenso die Schwäche wie die Macht des Menschen vermehren* (Der eindimensionale Mensch, S. 246)" auf und bemerkt hierzu: *„Dieser Satz stellt die politische Unschuld der Produktivkräfte wieder her"* (Habermas, 1976, S. 58). Er hält somit auch Wissenschaft und Technik die Möglichkeit für Abhilfe offen. Er konstatiert für die moderne Gesellschaft Technologie als Rationalisierung der Unfreiheit (Habermas, 1976, S. 60) und für das Individuum technokratisches Bewusstsein als Folge der technischen Entwicklung, und folgert für den modernen Menschen ein erhöhtes Maß an technisch-logischem Denkvermögen und Handeln bei gleichzeitiger politischer Angepasstheit (Habermas, 1976, S. 91):
„Die Entpolitisierung der Masse der Bevölkerung, die durch ein technokratisches Bewußtsein legitimiert wird, ist zugleich eine Selbstobjektivation der

Menschen in Kategorien gleichermaßen des zweckrationalen Handelns wie des adaptiven Verhaltens."

Habermas sieht in Technik und Wissenschaft selber den Schlüssel zum Austritt aus jenem technokratischen Herrschaftsverhältnis (Habermas, 1976, S. 54):
„Wenn das Phänomen, an dem Marcuse seine Gesellschaftsanalyse festmacht, eben die eigentümliche Verschmelzung von Technik und Herrschaft, Rationalität und Unterdrückung, nicht anders gedeutet werden könnte als dadurch, dass im materialen a priori von Wissenschaft und Technik ein durch Klasseninteresse und geschichtliche Situation bestimmter Weltenentwurf, ein "Projekt".... steckt - dann wäre eine Emanzipation nicht zu denken ohne eine Revolutionierung von Technik und Wissenschaft selber."
Habermas kann Kapps Ansatz, technische Konstruktionen als Projektion des menschlichen Organismus zu sehen, in der technischen Evolution wiederfinden (Habermas, 1976, S. 56): *„Jedenfalls fügt sich die technische Entwicklung dem Interpretationsmuster, als hätte die Menschengattung die elementaren Bestandteile des Funktionskreises zweckrationalen Handelns, der zunächst am menschlichen Organismus festsitzt, einen nach dem anderen auf die Ebene technischer Mittel projiziert und sich selbst von den entsprechenden Funktionen entlastet."*
„Zuerst sind die Funktionen des Bewegungsapparates verstärkt und ersetzt worden, dann die Energieerzeugung (des menschlichen Körpers), dann die Funktionen des Sinnesapparates (Augen, Ohren, Haut) und schließlich die Funktionen des steuernden Zentrums (des Gehirns)."
Der menschliche Organismus als Projektionsquelle markiert für Habermas aber auch die Grenzen der technischen Entwicklung. Solange sich nicht die Organisation der menschlichen Natur ändere, solange könne nicht auf unsere Technik zugunsten einer qualitativ anderen verzichtet werden: *„Ferner kann es im Sinne dieses Gesetzes keine Entwicklung der Technik über die Stufe der möglichst vollständigen Automatisierung hinaus geben, denn es sind keine weiteren menschlichen Leistungsbereiche angebbar, die man objektivieren könnte."*

Die Technik und deren Auswirkungen werden von den Philosophen der Frankfurter Schule aus der soziologischen Perspektive betrachtet, die Grenzen der technischen Entwicklung werden durch die Projektion der Natur des Menschen gesehen; techniktheoretische Aspekte werden nicht betont.

2.4.4 Der anthropologische Ansatz

Es sei hier auch der soziologische technik-philosophische Ansatz von der anthropologischen Seite erwähnt. Die philosophische Anthropologie ist die Lehre von den Eigenschaften und Verhaltensweisen des Menschen, die ihm unabhängig von seinem sozioökonomischen, soziokulturellen und individuellen Umfeld zukommen sollen. Die physiologische Anthropologie ist im übrigen von der philosophischen Anthropologie zu unterscheiden und wird von dieser nicht behandelt.

Arnold Gehlen (1904-1976) beschreibt die kulturellen Leistungen als Organersatz- oder Organ-Überbietungs-Leistungen (wie auch Rapp) des Mängelwesens „Mensch", welcher sich durch die notwendige intelligentere Umweltanpassung zum Kulturwesen entwickelte (Gehlen, 1971, S. 314). Er verweist hierbei auf den regelkreisartigen (kybernetischen) Charakter der kulturellen Entwicklung, welche durch rückempfundene Erfolge oder Misserfolge den Reiz zu ihrer Fortentwicklung produziert.
Friedrich Rapp kritisiert allerdings 1978 diese einseitige biologisch-anthropologische Motivation. Er betont den kulturellen Gestaltungswillen, welcher aus einem komplexen Bündel von Voraussetzungen erwächst. Zu diesen gehören Wertschätzung der Arbeit, wirtschaftliche Rationalität, technischer Schaffensdrang, experimentelles Erkenntnisstreben (Rapp, 1978, S. 228ff).

2.4.5 Handlungstheorie

Die dualistische Auffassung von Mensch und Technik (Rammert/Schulz-Schaeffer, 2002, S. 11) unterscheidet menschliches Handeln im Sinne von Kreativität und Freiheit von technischem Handeln, welches als technische Funktion schematischen Regeln und Sachzwängen unterworfen ist.
Die Freiheit menschlichen Handelns kann aber durch das Gegenbeispiel des quasi-mechanischen Funktionierens der Ausführenden repetitiver Fließbandtätigkeiten nicht mehr als allgemeingültiges Prinzip, sondern allenfalls als Ideal angesehen werden.
Die neuere Technikentwicklung mit selbstlernender „Intelligenz" und interaktiven Prozessentwicklungen führt andererseits dazu, dass von einem „Mit-Handeln" technischer Artefakte und einem „Mit-Funktionieren" menschlicher Akteure gesprochen werden kann (Ramert/Schulz-Schaeffer, 2002, S. 13).
Interessant ist in diesem Zusammenhang auch, technisches Handeln vom Standpunkt des „Stellvertretenden Handelns" zu beleuchten. Wer in fremdem Namen handelt, verfügt über übertragene Handlungsmacht, kann jedoch die Folgen

demjenigen zurechnen, in dessen Namen gehandelt worden ist. Johannes Weiß schreibt (Ramert/Schulz-Schaeffer, 2002, S. 68):
„Professionelle Experten sind ... zu stellvertretendem Handeln prädestiniert, da sie über ein zu Entscheidungs- und Handlungszwecken, also im weitesten Sinne technisch verwendbares Spezialwissen verfügen."
Kann diese Vorstellung des stellvertretenden Handelns nun auch auf technische Konstruktionen ausgedehnt werden? Können Maschinen in fremdem Auftrag handeln, da sie in solchem funktionieren? Handeln im Sinne von zielgerichteter Aktion findet, auch unter dem partiellen juristischen Schutz des „Stellvertretenden Handelns", immer unter der Bewertbarkeit von Rückmeldungen und Sanktionen statt, ist also nie völlig verantwortungsfrei.
Sollte die Künstliche Intelligenz soweit fortgeschritten sein, dass die KI-Konstruktionen selbständig Verhaltens- und Lösungsalgorithmen auswählen und auch selbst entwickeln, dann würde hieraus im Falle unerwünschter Resultate die Frage nach der Verantwortung gestellt werden. Vom Standpunkt der Verantwortung müsste ein hochentwickeltes, quasi selbständiges intelligentes System Sanktionen bewerten können und in letzter Konsequenz mit einer Art Selbsterhaltungstrieb ausgestattet sein. Die menschliche Verantwortung läge in der Entscheidung, einem KI-System die selbständige Entwicklung ohne die Limitierung auf eine überschaubare Anzahl möglicher Variationen zu erlauben.

2.4.6 Evolutionstheorie

Seit dem Erscheinen von Charles Darwins (1809-1882) „Origin of species" (1859) wird auch die Geschichte technischer Entwicklungen in Analogie zur Entwicklung von Lebensformen unter evolutionstheoretischen Gesichtspunkten erörtert (erstmals 1863 in Samuel Butlers Buch „Darwin among the machines" (Basalla, 1988, S. 15).
Dieser Ansatz wird nach George Basalla 1988 in seinem interessanten Buch „The Evolution of Technology" unter anderem dadurch gerechtfertigt, dass die Anzahl der katalogisierten Lebensformen oder Lebewesen mit etwa 1,5 Millionen in der Größenordnung der in Amerika seit 1796 eingereichten 4,7 Millionen Patente liegt (Basalla, 1988, S. 2).
„... suggests, that the diversity of the technological realm approaches that of the organic realm." Dem könnte entgegnet werden, dass Lebewesen erheblich komplexere Systeme sind als die Gegenstände der Patente. Diese haben häufig relativ einfache Konstruktionen oder Gebrauchsmuster zum Inhalt.
Der Ansatz „Technik als Organersatz des Mängelwesens Mensch" wird hierbei als keine ausreichende Erklärung für die technische Vielfalt angesehen, da z.B. in Birmingham 1867 etwa 500 verschiedene Hammer-Typen in Gebrauch wa-

ren, was durch die Notwendigkeit des Überlebens des Mängelwesens Mensch allein nicht erklärt werden könne. Zudem macht Basalla anhand vieler Beispiele deutlich, dass epochal neue technische Produkte wie das Auto (S. 6), Edisons Phonograph oder das Tonbandgerät (S. 139ff) in den ersten 10 Jahren ihrer Existenz sich auf dem Markt keiner großen Nachfrage erfreuten, dass diese Produkte nicht zum Ausgleich bestehender Mängel von breiten Schichten der Bevölkerung herbeigesehnt wurden. Dieses Prinzip, dass viele Artefakte erst wichtig werden, wenn man sich an sie gewöhnt hat, wird auch am Beispiel der Wasserräder deutlich. Wasserkraft wurde im römischen Reich etwa ab dem 5. Jahrhundert eingesetzt, wurde aber erst im Europa des 13. Jahrhunderts verbreitet genutzt.

Anstelle des Bedürfnisses nach Mängelkompensation sieht Basalla in seiner historischen Auswertung den, durch gesellschaftliche Normen geförderten oder zumindest tolerierten Spieltrieb („Home ludens"), *„das Vergnügen, mit technologischen Möglichkeiten um ihrer selbst zu spielen"* (S. 73), als entscheidenden Bestandteil innovativer Kulturen. Die Rolle des Erfinders sei demnach auch nicht die eines Dieners oder Beamten, der gemäß vorliegender Volksbedürfnisse erfindet, sondern die eines Visionärs, Ingenieurs, Profis (Basalla, 1988, S. 77).
Neben dem gesellschaftlichen Nährboden für die Erfindung selbst ist sowohl die gesellschaftliche Flexibilität als auch die Attraktivität konkurrierender nicht-innovativer Alternativen für den Durchbruch neuer Technologien entscheidend. Als Beispiel wird hier das Rad genannt, welches auch den Azteken bekannt war und bei deren Spielzeugfiguren Verwendung fand, aber wegen der fehlenden Infrastruktur, etwa in Form von Strassen bzw. dem fehlenden gesellschaftlichen Willen zu deren Errichtung, in Amerika vor den europäischen Eroberern praktisch keine Rolle gespielt hat. Im nördlichen Afrika war das Rad als Transportmedium sogar verbreitet, bevor es zwischen dem 3. und 7. Jahrhundert wieder durch das Kamel als praktischere und ökonomischere Alternative verdrängt wurde (Basalla, 1988, S. 10).

Bemerkenswert ist in diesem Kontext auch die Geschichte der Feuerwaffen in Japan, welche 1543 durch die Portugiesen dorthin gelangten. Danach gab es im 16. Jahrhundert in Japan mehr Feuerwaffen als im Rest der Welt. Im 17. Jahrhundert sind die japanischen Kämpfer wieder zum Schwert zurückgekehrt, beeinflusst durch Samurai-Ehre, Ästhetik des Kampfes, Heroismus und andere kulturelle Werte und begünstigt durch die Insellage, welche das Ignorieren überlegener Kampftechnologien in anderen Teilen der Welt tolerierte (Basalla, 1988, S. 188).

Den evolutionären Charakter der technischen Entwicklung versucht Basalla zu untermauern, indem er markante, „revolutionäre" technische Neuerungen auf technische Vorläufer hin untersucht und hiermit eine Art Kontinuität der Entwicklung aufzuzeigen versucht:
Als ein Beispiel für die evolutionäre Entwicklung von Technik wird die Geschichte von James Watt's Dampfmaschine (im allgemeinen mit dem Jahr 1775 verbunden) rekonstruiert. Diese beginnt für Basalla mit der Frage nach dem Vakuum in der Antike. Dessen Existenz wurde von Aristoteles noch in Frage gestellt. Dies wurde im 17. Jahrhundert von Galileo, Blaise Pascal und Otto Guericke erneut erörtert und das mögliche Vorhandensein des luftleeren Raums durch Versuche von Denis Papin (1647-1712) mit Dampf, Zylindern und Kolben untermauert. Die Veröffentlichung von Papins Versuchen 1690 in Lateinisch, 1695 in Französisch und 1697 in Auszügen in London in Englisch sowie die von Th. Savery 1698 konstruierte, relativ leistungsschwache Dampfpumpe inspirierten höchstwahrscheinlich Thomas Newcomen zur Entwicklung der ersten leistungsfähigen Dampfmaschine (Basalla, 1988, S. 92). (Patent auf die atmosphärische Dampfmaschine mit Dampfkessel 1705, verbesserte Kondensation des Dampfes durch Einspritzung von kaltem Wasser 1712 (Meyers Enzyklopädisches Lexikon, "Dampfmaschine"). James Watt soll durch das Reparieren einer Newcomen'schen Dampfmaschine den Anstoss zur systematischen Verbesserung (vom Zylinder getrennter Kondensator 1765, Patentierung 1769) seiner Dampfmaschine bekommen haben (Basalla, 1988, S. 35).
Als weiteres Beispiel wird die drahtlose Datenübertragung genannt, deren Geschichte mit der Entwicklung der Theorie des Elektromagnetismus (Maxwell-Gleichungen) durch den schottischen Physiker James Clerk Maxwell (1831-1879) beginnt. Die Maxwell-Gleichungen wurden durch Heinrich Hertz (1857-1894) experimentell bestätigt. Der englische Physiker Oliver Lodge (1851-1940) konnte 1894 Informationen über die Entfernung von 60 Metern übertragen. Guglielmo Marconi (1874-1937) erreichte dann durch Variationen der Antennenformen im Jahr 1900 bereits Sendeweiten von 150 Meilen (Basalla, 1988, S. 97). In den darauf folgenden 100 Jahren gab es viele Optimierungen und Verfeinerungen.

Generell seien für die evolutionsartige Entwicklung von Technologien folgende Voraussetzungen erforderlich (Basalla, 1988, S. 125):
- Diversität, d.h. unterschiedliche Lösungsansätze für eine technische Aufgabe erlauben die Auswahl des besseren Ansatzes.
- Kontinuität, d.h. die technische Entwicklung hat sich in kleinen Schritten vollzogen, wobei jeder Entwicklungsschritt sich gegenüber diversen Alternativen durchgesetzt hat.

- Neuartigkeit, d.h. jeder Entwicklungsschritt stellt eine neuartige Technologie oder Erkenntnis dar.
- Auswahl, d.h. das „demokratische" Nachfrageverhalten bestimmt den besten Lösungsansatz.

Als Kritik- und Unterscheidungskriterium zur natürlichen Evolution, in welcher ein Lebewesen in der Gesamtheit der Bedingungen, denen es umständehalber, zufällig ausgesetzt ist, bestehen und sich fortpflanzen muss und bei der es kein absolutes Überlegenheitskriterium gibt, sieht Basalla sowohl bei der Evolution von Nutz-Organismen als auch bei der Entwicklungsgeschichte von Artefakten absolute, primäre Zielkriterien. Diese sind zum Beispiel die Milchleistung der Kühe, die Schädlings- und Feuchtigkeitsresistenz des Weizens (S. 135) oder die Verarbeitungsleistung von Mikroprozessoren. Als weiteres Unterscheidungskriterium seien im Entwicklungsbaum des künstlich Geschaffenen auch Fusionen technologischer Teilentwicklungen zu einem neuen technologischen System möglich, was in der natürlichen Evolution nicht beobachtet werden konnte (Basalla, 1988, S. 138).
Folgende Kritikpunkte zu Basallas Argumenten zur Evolution technischer Entwicklungen fallen auf: Bei den genannten Beispielen „revolutionärer" Erfindungen kann Basalla zwar Vorstufen der Entwicklung benennen, jedoch wird der Begriff Kontinuität oft auf nur eine Hand voll von Entwicklungsschritten bezogen und damit recht weitläufig verwendet. Auch Diversität und Auswahl sind in diesen Fällen nicht ausgeprägt. Doch auch wenn die genannten Erfinder in ihrem herausragenden Vorstellungsvermögen mehr Varianten durchspielen, verwerfen oder weiterentwickeln konnten als viele andere und damit Entwicklungssprünge bewirkten, die über das übliche Maß dessen, was man als Kontinuität bezeichnet, hinausgehen, erscheint der Begriff der technischen Evolution durch die gelegentlich außergewöhnliche Größenordnung der technischen Entwicklungssprünge nicht bedroht. Auch nach großen Entwicklungssprüngen waren nach einigen Jahren wieder Diversität und Selektionsdruck zu beobachten. Im übrigen sind auch bei der natürlichen Evolution Entwicklungssprünge nachweisbar.
Stärker in Frage gestellt wird die Verwendung des Evolutionsbegriffs für die technische Entwicklung angesichts der Zufälligkeit, welche die Basis der natürlichen Evolutionstheorie für das Generieren von Mutationen ist. Diese Zufälligkeit ist auch das wesentliche Unterscheidungsmerkmal der Evolutionsverfechter gegenüber den Creationisten, welche in der Schöpfung nicht nur eine lange Geschichte von Zufallsmutationen und Auswahlprozessen, sondern „intelligent design" von göttlicher Hand beteiligt sehen. In diesem Zusammenhang wäre dann die Summe der technischen Entwicklungen, aufbauend auf intelligenten Schöpfern, mit gewollten und zufälligen Mutationen und der Auswahl durch

den Selektionsdruck der Märkte, wohl eher im Zwischenbereich von „Evolution" und „intelligent design" zu sehen.

2.4.7 Öko-Ethik

Die ökologische Ethik hat als Forderung die unbedingte Verhinderung irreversibler Schäden am natürlichen Lebensraum. Einer ihrer Hauptvertreter, Hans Jonas (1903-1993), stellt ethische Imperative für das Zeitalter der möglichen Vernichtung von Mensch und Natur durch technische Konstruktionen auf (Jonas, 1979, S. 36): *„Handle so, dass die Wirkungen deiner Handlung verträglich sind mit der Permanenz menschlichen Lebens auf Erden."* Und weiter: *„Was kann als Kompass dienen? Die vorausgedachte Gefahr selber!"* Daher warnt er davor, sich vom „statistisch" hohen Unwahrscheinlichkeitsgrad eines GAU einer kerntechnischen Anlage beruhigen zu lassen, da ein solcher mit intolerablen und irreversiblen Folgen jeden Augenblick eintreten kann.

Auch die bisher zitierten Werke des 20. Jahrhunderts haben als Gemeinsamkeit das Betreiben der Technikphilosophie vom soziologischen Standpunkt aus und gründen nicht auf einer techniktheoretischen Basis.

2.5 Techniktheoretisch basierte Ansätze

2.5.1 Der kybernetische Ansatz

Während die bisher aufgeführten Werke das Wesen der Technik aus gesellschaftlicher, sozialer oder kultureller Sicht betrachten, sieht der kybernetische Ansatz die Entwicklung gesellschaftlicher, sozialer, kultureller, technischer und anderer Systeme vom technischen Standpunkt der Kybernetik aus. (Kybernetik bedeutete zur Zeit Platons "Steuerkunde", Kybernetes ist der Steuermann.) Karl Steinbuch definiert in seinem Aufsatz „Grundbegriffe und Fragestellungen der Kybernetik" (Steinbuch/Moser, 1970, S. 20): *„Unter Kybernetik wird die Wissenschaft von den informationellen Strukturen im technischen und außertechnischen Bereich verstanden."*
Norbert Wiener leitete 1948, invers zum Fourierschen Theorem, das Wienersche Theorem ab. J.B.Fourier hatte im 19. Jahrhundert gezeigt, dass diskontinuierliche Funktionen sich durch die Überlagerung kontinuierlicher Funktionen ausdrücken lassen. So kann z.B. eine Rechtecks-Funktion durch eine Reihe von Sinus-Funktionen dargestellt werden.

Wiener legte nun dar, dass jede kontinuierliche Funktion durch eine Überlagerung diskontinuierlicher Funktionen (Sprungfunktionen) beschrieben werden kann. Die somit gezeigte Äquivalenz kontinuierlicher und diskontinuierlicher Funktionen bedeutet, dass Funktionen statistisch erfassbar werden. Dies rechtfertigte für Wiener die Begründung einer allgemein anwendbaren Formalwissenschaft, welche statistisch erfassbare Systeme unter den Aspekten der Systemtheorie, der Regelungstheorie, der Informationstheorie, der Algorithmentheorie, der Automatentheorie und der Spieltheorie untersucht. Wiener greift hierfür auf den von A.M.Ampère geprägten Begriff „Kybernetik" zurück. Er wollte ein Wort finden, *„um Technik und Wissenschaft der Regelung in dem gesamten Gebiet zu bezeichnen, wo dieser Begriff anwendbar ist."* (Wiener, 1954, S. 270)

Die Kybernetik kommt aus den drei technischen Wurzeln Regelungslehre, Nachrichtenübertragungstechnik samt Informationstheorie und Nachrichtenverarbeitungstechnik (Karl Steinbuch, „Grundbegriffe und Fragestellungen der Kybernetik", Steinbuch/Moser, 1970, S. 14). Vorhersagen zu zukünftigen Entwicklungen sind nach Steinbuch (Steinbuch/ Moser, 1970, S. 186ff) im wesentlichen dort möglich, wo:
- Gesetzmäßigkeiten zu erkennen sind, d.h. dort, wo Kausalstrukturen zeitlich unverändert wirken. (S. 186)
- es gelingt, die Realität durch (Denk-)Modelle abzubilden. (S. 187)
- Systeme, welche durch Zukunftsprognosen selbst beeinflusst werden, durch die kybernetische Analyse rückgekoppelter Systeme prognostizierbar werden. (S. 187)

Der große Durchbruch zum Verständnis globaler Entwicklungen, den man sich mit der Herleitung des Wienerschen Theorems erhofft hatte, ist leider bis heute ausgeblieben. Die Kybernetik spielt sowohl für die relevanten technischen und gesellschaftlichen Entwicklungen als auch bei den Diskussionen über diese keine tragende Rolle.

2.5.2 Systemtheorie

Die Systemtheorie, ein Teilgebiet der theoretischen Kybernetik, ist die formale Theorie der Beziehungen von gekoppelten Systemen unter Berücksichtigung ihrer Struktur und Funktionsweise. Praktische Auswirkungen hat die Systemtheorie beispielsweise bei der Erstellung komplexerer, systemübergreifender Computerprogramme durch das Bereitstellen von Strategie- oder sogar Funktionsmodulen, welche für charakteristische Aufgabenstellungen gekoppelter Systeme anwendungsübergreifend einsetzbar sind.

Dies beinhaltet u.a. Strategien zur Systementwicklung und zur Erstellung von Prozessmodellen (Hatley/Pirbhai, 1987, S. 41ff).

3. Methode einer techniktheoretisch basierten Technikphilosophie

Da in der Technikphilosophie des 20. Jahrhunderts weder die techniktheoretisch basierte Technikphilosophie noch eine diesbezügliche Methode relevant waren, soll für letztere eine Variante ausgearbeitet werden. Diese soll dabei in Analogie zu bestehenden Methoden der Wissenschaftstheorie entwickelt werden. Dazu wird zunächst das Wesen der Technik, auch im Verhältnis zur Naturwissenschaft, betrachtet.

3.1 Definition der Technik

Ist es richtig, Technik als angewandte Naturwissenschaft zu definieren? Dies ist einerseits nicht hinreichend, da z.b. moderne naturwissenschaftliche Forschung auch angewandte Naturwissenschaft ist, angewandt auf die Erweiterung derselben.
Dies ist andererseits auch nicht notwendig, da viele erfolgreiche Technologien wie Metallurgie oder Wasserkraft vor dem Bestehen naturwissenschaftlicher Theorien entwickelt wurden. *„Wissenschaft ist nicht die Wurzel aller Technologien, sondern sie ist eine von verschiedenen interaktiven Quellen der Erneuerung (Basalla, 1988, S. 10)."*
Die Definition der Technik über das Verhältnis zur Naturwissenschaft hat darüber hinaus den Nachteil, dass naturwissenschaftliche Projekte technische Teilprojekte enthalten können und ein technisches Projekt auch naturwissenschaftliche Forschung beinhalten kann, sodass die Detailarbeiten sowohl technischen als auch naturwissenschaftlichen Projekten zugeschrieben werden könnten. Der Unterschied kann unter Umständen nur am eigentlichen Projektziel oder der wichtigsten Motivation eines Projektes entschieden werden.

Andere Erklärungen verzichten auf den Bezug zur Naturwisssenschaft. Beispielsweise sei Technik *„die Gesamtheit aller Werkzeuge, Maschinen, Maßnahmen und Verfahren, die vom Menschen zielgerichtet erstellt und zur Erweiterung der begrenzten menschlichen Fähigkeiten angewendet werden"* (Meyers Enzyklopädisches Lexikon, 1978, „Technik").
Der Bezug auf Erweiterung der menschlichen Fähigkeiten oder auf Bedürfnisbefriedigung grenzt jedoch „unsinnige" Technologien aus, welche trotzdem ein Element der Technik wären. Weiterhin ist die Beschränkung von Technik auf menschliche Kreationen fragwürdig.

Es soll als fiktives Beispiel ein Affe betrachtet werden, welcher ein sehr kleines Rinnsal im Erdreich entdeckt und seinen Durst befriedigen möchte. Wenn dieser Affe nun das Rinnsal mit etwas Erde aufstauen würde, um trinkbaren Wasserstand zu erreichen, und wenn diese Aktion aus einer Erfahrung des Affen heraus zielgerichtet ausgeführt worden wäre, würde es sich bei diesem „Staudamm" nicht um ein Element der Technik handeln?

Der Affe hätte einen Erdwall nicht als Folge angewandter menschlicher Naturwissenschaft, sondern aus einer Erfahrung, welche man im Grenzbereich naturwissenschaftlicher Erkenntnis sehen kann, errichtet.

Die Entwicklung der Metallurgie oder die Erschaffung der ersten Wasserräder geschahen zwar nach unseren modernen Maßstäben ohne naturwissenschaftliche Theorie, aber zweifellos unter der Verwendung naturwissenschaftlicher Erkenntnis, welche zu handwerklichen Arbeitshypothesen führte. Bei der kritischen Beleuchtung dieser These sind unterstützende Argumente:
„..alle Hypothesengewinnungsmethoden sind erlaubt und verdienen kritische Überprüfung." und auch: *„Theorien ... sind nicht mehr allein durch induktive Verallgemeinerungsprozeduren aus der Beobachtung gewinnbar, denn sie enthalten Begriffe, die über das Beobachtbare hinausgehen – sogenannte theoretische Begriffe."* (Schurz, 2006, S. 50)
Zwar wird die Sichtweise möglicher technischer Entwicklung durch handwerkliche Arbeitshypothesen ohne die Notwendigkeit wissenschaftlicher Theorie durch die Gegenthese der Theorieabhängigkeit von Beobachtungen geschwächt:
„..die These, dass es theoriefreie Erfahrung schlechterdings nicht gibt – jede Beobachtung setze schon in ‚irgendeiner' Form Theorie voraus." (Schurz, 2006, S. 57) Dieser Gegenthese widersprechen jedoch u.a.: *„Eine vollständige Theorieabhängigkeit von Beobachtungen müsste aus empirischer Wissenschaft ein zirkuläres Unternehmen machen."* (Schurz, 2006, S. 57) und auch: *„Tatsächlich aber scheinen Wahrnehmungsbegriffe die Eigenschaft zu besitzen, von beliebigen Menschen unabhängig von ihrem Hintergrundwissen rein ostensiv (= hinweisend, nonverbal) erlernbar zu sein."* (Schurz, 2006, S. 61) Die Notwendigkeit naturwissenschaftlicher Theorie für technische Entwicklung scheint also zumindest nicht beweisbar zu sein.

Daher soll hier definiert werden: „Technik ist künstliche, d.h. von Kreaturen geschaffene, Funktion oder Funktionsbereitschaft, realisiert an künstlich geschaffenen oder veränderten Objekten bzw. Systemen, unter der Verwendung naturwissenschaftlicher Erkenntnis."

3.2 Eine Methode der Techniktheorie

Gegenstand der Wissenschaftstheorie sind Untersuchungen über Voraussetzungen, Methoden, Strukturen, Ziele und Auswirkungen von Wissenschaft. Durch Übertragung der Arbeitsschritte einer wissenschaftstheoretischen Methode auf technische Entwicklung soll eine techniktheoretische Arbeitsmethode gefunden werden.

Soll Techniktheorie deskriptiv oder normativ sein? Ein Orientierungshilfe bietender Blick zur Wissenschaftstheorie zeigt: *„Der normativen Auffassung zufolge hat Wissenschaftstheorie die Aufgabe, zu sagen, was Wissenschaft sein sollte, und wie sie betrieben werden sollte. ... Der deskriptiven Auffassung zufolge hat Wissenschaftstheorie dagegen die Aufgabe, zu sagen, was Wissenschaft de facto ist und wie sie betrieben wird. "* (Schurz, 2006, S. 21)
Da Technik zum Zwecke der sinnhaften Verwertung des Wissens betrieben wird, sind die von der Technikphilosophie gewünschten Resultate „richtig" oder „nicht richtig" und nicht nur „wahr" oder „nicht wahr".
Die Techniktheorie könnte sich jedoch auf „wahr" oder „nicht wahr" im Sinne von „funktioniert" oder „funktioniert nicht" beschränken. Die Technikphilosophie soll daher normative Elemente enthalten, die Techniktheorie kann sich auf das Deskriptive beschränken.

Die eigentliche Tätigkeit der Wissenschaftstheorie besteht in der Methode der rationalen Rekonstruktion, in welcher faktische wissenschaftliche Erkenntnissysteme deskriptiv abstrahiert/nachgezeichnet/analysiert werden, um dann unter den Bedingungen des minimalen erkenntnistheoretischen Modells das Erkenntnisziel zu erreichen (Schurz, 2006, S. 24-28).
Die Auflistung der Inhalte des minimalen erkenntnistheoretischen Modells der Wissenschaftstheorie (linke Spalte) und deren Anwendbarkeit auf die Techniktheorie (rechte Spalte) ergibt folgendes Bild:

Erkenntnistheoretisches Modell:	Anwendbarkeit für Techniktheorie:
1. Minimaler Realismus:	Dieser soll durch Funktion, Berechenbarkeit, Überprüfbarkeit und Nutzbarkeit im funktionsrelevanten Bereich der Realität gegeben sein.
2. Fallibilismus, kritische Einstellung:	Die sorgfältige Überprüfung muß zeigen, ob fehlerfreie Funktion gegeben ist und unter welchen Umständen diese gefährdet ist.

3. *Objektivität:*	Dies bedeutet für die technischen Entwicklungen auch, dass sie nicht nur unter Wunschbedingungen, sondern auch im rauhen Alltag funktionieren.
4. *Logik:*	Die Beachtung der Gesetze der Logik ist für technische Vorhaben nicht weniger wesentlich als für wissenschaftliche.
5. *Empirismus:*	Die analysierte Technik muss der statistischen Beobachtung zugänglich sein.

Das minimale erkenntnistheoretische Modell der Wissenschaftstheorie ist als solches also auch in der Techniktheorie verwendbar. Möchte man nun die vorherige Definition der Tätigkeit der Wissenschaftstheorie auf die Techniktheorie übertragen, so „stolpert" man zunächst darüber, dass die Überprüfung auf fehlerfreie Funktion, dies unter allen Umständen und bei ständiger Kontrolle durch Beobachtung, durchaus eine praktische Tätigkeit ist, welche eher dem Techniker zugeordnet wird. Das würde jedoch bedeuten, dass der Technikphilosoph unter Umständen auch Techniker sein muss, da die umfassende Funktionsprüfung den praktischen Kontakt mit der technischen Anwendung verlangt.

Dem könnte man allerdings entgegenhalten, dass die Techniktheorie unter den Aspekten Fallibilismus und kritische Einstellung eher alle theoretischen Aspekte eines neuen technischen Projektes beleuchten soll, ohne die experimentelle Verifikation mit einzuschließen. Diese theoretische und gleichermaßen kompetente Beleuchtung neuer Techniken setzt im wesentlichen voraus, dass die neue Zieltechnik durch Anwendung von bekannten Methoden auf bekannte Techniken entstehen soll. Technische Quantensprünge sind wegen des fehlenden Erfahrungsschatzes aus der theoretischen Perspektive nur mit eingeschränkter Kompetenz beleuchtbar.

Was hätte Aristoteles zu Verkehrsflugzeugen oder Kernkraftwerken gesagt? Es wäre sicherlich interessant, teilweise durch die Beweglichkeit eines klugen Kopfes auch treffend, wahrscheinlich aber wegen des Erfahrungs- und Informationsmangels mit Fehleinschätzungen behaftet.

Für die Tätigkeit der Techniktheorie ließe sich in Analogie zur Wissenschaftstheorie formulieren: Die Tätigkeit der Techniktheorie besteht in der Methode der technisch-wissenschaftlichen Formulierung und Überprüfung, in welcher technisch-wissenschaftliche Erfahrungen formuliert werden um dann, unter Rechtfertigung der Punkte des minimalen erkenntnistheoretischen Modells und der Entwicklungsmethoden, die Möglichkeiten und die Grenzen weiterer Entwicklungen zu überprüfen.

Diese Bewertung ist im wesentlichen deskriptiv (funktioniert oder funkioniert nicht), kann jedoch auch aus technischer Sicht normative (gut oder nicht gut) Elemente enthalten. Analog zur Wissenschaftsphilosophie, welche sich aus Wissenschaftstheorie und Wissenschaftsethik zusammensetzt, soll die Technikphilosophie aus den Teilgebieten Techniktheorie und Technikethik bestehen.

Es ließe sich daher fordern: Die Tätigkeit der Technikphilosophie bestehe aus der techniktheoretischen Methode der technisch-wissenschaftlichen Formulierung und Überprüfung sowie der normativen Rechtfertigung der zu untersuchenden Technologien unter Berücksichtigung ethischer Aspekte.

Hierbei kann man einordnen: Die Wissenschaft ist im Ergebnis deskriptiv, die Wissenschaftstheorie hat deskriptive und bezüglich der Ausführung normative Elemente. Technik ist im Ergebnis schöpferisch und die Technikphilosophie hat deskriptive und bezüglich der Ausführung und auch bezüglich des Ergebnisses normative Elemente. Die hier abgeleitete Methode der technikphilosophischen Prüfung soll in den nachfolgenden Kapiteln auf Konzepte der Automatisierungstechnik angewendet werden.

4. Automatisierung als Anwendungsgebiet der Technikphilosophie

Technikphilosophie ist auf jedes der Gebiete der permanenten industriellen Revolution anzuwenden. Dies sind nach F. Rapp in 2.4.2 Chemotechnik, Elektrotechnik, Computertechnik, Automatisierung, Kerntechnik, Kommunikationstechnik und Gentechnik. Die Automatisierung hat hier insofern eine Sonderrolle, als dass sie, wie die Mathematik in der Wissenschaft, in der Technik als universales Instrument auf allen Gebieten eingesetzt werden kann und eingesetzt wird.

4.1 Was ist Automatisierungstechnik?

Automatisierungstechnik ist die Technik des Automatisierens technischer Routineprozesse meist industrieller Art. Sie soll mechanische, elektrische und verfahrenstechnische Abläufe kontrollieren. Eine automatisierungstechnische Installation gliedert sich normalerweise in die Sensorik in Form elektronischer Messdatenerfassung, das Gehirn (die CPU) für die logische und arithmetische Verknüpfung vorhandener Informationen als Steuer-, Kontroll- und Regelungsaufgaben sowie die Motorik als Ausgabe dieser Rechenergebnisse auf Stellglieder, Dosiereinrichtungen und motorische Elemente.

Die Qualität der Automatisierungstechnik hängt von der Produktqualität ihrer Komponenten und deren passender Auswahl für die jeweilige Aufgabenstellung ab, im weiteren von der Richtigkeit des Verstehens und der Beschreibung der zu automatisierenden Abläufe und schließlich von der Vollständigkeit und Fehlerfreiheit der Programme. Das Beschreiben der zu automatisierenden Abläufe und die Erstellung der Programme ist neben der syntaktischen vor allem eine logische oder arithmetische Aufgabe. Standardisierte, teilweise graphische Programmierwerkzeuge reduzieren dabei den syntaktischen Aufwand.

Prozesse mit besonderem Unfallrisiko werden mit sogenannter „sicherheitsgerichteter Automatisierungstechnik" ausgerüstet, bei welcher ausgewählte Redundanz- und Überwachungskonzepte höchstmögliche Sicherheit gewährleisten sollen. Die Entscheidungsregeln sind hier meist binärer Natur und somit Anwendungen von Logik.
Der Einsatz der Automatisierungstechnik, als Sensorik und Motorik verbindendes Gehirn mit Nervensystem, dient dem reibungslosen Anlagenbetrieb und schafft häufig die Basis zum Einsatz bestimmter Technologien.

Auch in der wissenschaftlichen Forschung steigt die Bedeutung zuverlässiger Automatisierung. Die Stabilisierung von Prozessen in Forschungsanlagen und im Labor in den gewünschten verfahrenstechnischen Bereichen durch geeignete Steuer- und Regeleinrichtungen erlaubt erst die experimentelle, reproduzierbare Bestimmung von Wirkungsparametern und die Überprüfung von analytischen oder numerischen Modellen.

Die Technik-Methode oder Hilfstechnik „Automatisierungstechnik" ist ein logisch-numerisches Kontrollinstrument mit wachsender Bedeutung im wissenschaftlichen und von grundlegender Relevanz im technischen Bereich.

4.2 Was soll Automatisierungs-Technik-Philosophie sein?

Die Relevanz logischer Regeln bei der Programmgestaltung und auch beim Entwurf redundanter Architekturen einerseits und die soziale und ethische Bedeutung der Automatisierung von ursprünglich manuellen Tätigkeiten andererseits schaffen einen, philosophische Betrachtungen motivierenden Bezug zwischen Automatisierungstechnik und Philosophie.

Eine Aufgabe allgemeiner technikphilosophischer Untersuchungen kann die logische, begriffliche und ethische Analyse technischer Vorhaben ohne gedankliche Selbstbeschränkung aufgrund technischer, projektbezogener Grenzen sein. Falls jedoch für eine zutreffende Beurteilung verfahrenstechnische Informationen und Erläuterungen von Spezialisten notwendig sind, kann diese Aufgabe nicht erfüllt werden.

Die technikphilosophische Analyse automatisierungstechnischer Ansätze und Lösungen kann sich, bei Voraussetzung eines ausreichenden Qualitätsniveaus der verfügbaren Komponenten und der Programmieroberflächen, neben syntaktischen und arithmetischen Aspekten vor allem auf logische, strukturelle und ethische Zusammenhänge konzentrieren und ist ohne gefiltertes Fachwissen von technischen Spezialisten möglich.

Der Aufbau einer technikphilosophischen Abhandlung könnte auch von der Motivation technischen Tuns ausgehen. Es erscheint jedoch zum einen als widersprüchlich, ein Produkt oder eine Technologie aufgrund der Entstehungshistorie zu beurteilen, obwohl seine Bewertung nicht unwesentlich von Wahrscheinlichkeitsbetrachtungen zu zukünftigen sozialen und technischen Entwicklungen und Risiken abhängt. Hierbei wird die Motivation als wichtiger Teil der Entstehungshistorie gesehen. Zum anderen scheint eine fokussierte und verfeinerte Betrachtung der Motivation technischen Tuns als etwas realitätsfern, da technisch-soziologische Entwicklungen im Sinne der Chaostheorie in ihrem verfeinerten Verlauf nicht geplant werden können.

Es wird daher als vorteilhaft angesehen, für technikphilosophische Erläuterungen zunächst eine techniktheoretische Funktionsprüfung einer bestehenden Technologie (z.B. zu Funktionalität und Risiko) anzustreben, um mit den Ergebnissen dieser Prüfung als Fundament weitere Aussagen zu funktionalen und technischen Entwicklungsmöglichkeiten und damit verbundenen ethischen oder soziologischen Aspekten zu treffen.

So soll sich die hier vorliegende Arbeit auch nicht, im Gegensatz zu den meisten zuvor zitierten Werken der Technikphilosophie, mit dem Wesen der Technik im allgemeinen und ihren gesellschaftlichen Auswirkungen im besonderen auseinandersetzen. Es sollen vielmehr in Anlehnung an die Methode der technikphilosophischen Prüfung bestehende Automatisierungslösungen mit logischen und funktionalen Anforderungen konfrontiert sowie die Grenzen der Erfüllbarkeit der Anforderungen analysiert und schließlich potentielle Entwicklungen unter logischen und ethischen Gesichtspunkten erörtert werden.

5. Die Formulierung technisch-wissenschaftlicher Erfahrungen - Logische und funktionale Architektur

5.1 Strukturierung von Automatisierungsaufgaben

Die Automatisierung im industriellen Umfeld hat die Aufgabe zu erfüllen, wiederholbare Vorgänge mit größtmöglicher Präzision zu wiederholen und hierbei unerwünschten Störungen mit geeigneten Maßnahmen zu begegnen, vorgesehene Variationen der Produktions- oder Prozessformen durch automatische oder interaktive Entscheidungen mit einzubinden und, ab einer gewissen Größenordnung, strategische Entscheidungen durch geeignete Informationsaufbereitung zu unterstützen und durch automatisches Ausführen der notwendigen Befehlsketten wirksam werden zu lassen.

Eine Fabrikautomatisierung ist daher, bei grober Strukturierung, gekennzeichnet durch die Aufgabenebenen der schnellen und präzisen Vor-Ort-Reaktion, der Daten-Mitführung und -Aufbereitung und der strategischen Ebene der Produktionsvorgabe und Ergebnisbewertung.

In der unteren, sogenannten prozessnahen Automatisierungsebene werden Vorgänge bei Vorliegen der notwendigen Bedingungen gestartet und bei Erscheinen eines Hinderungsgrundes angehalten. Dies geschieht in der Regel durch schnelle binäre Verknüpfungen in dezentralen Steuerungseinheiten. Hiermit können beispielsweise auf Alarmmeldungen hin, wie z.B. Ausfall eines Aggregats, schnelle Reaktionen ausgelöst werden.
Die klassischen Programme in dieser Ebene sind Anwendungen logischer Verknüpfungen zum An- oder Abschalten von Aggregaten, Öffnen und Schließen von Ventilen u.ä.. Hierbei wandeln die Signalgeber die Information über physikalische Zustände in ein binäres elektrisches Signal um, welches einem binären Eingangskanal der Steuerung zugeführt wird. Die angezeigten Zustände sind z.B. „Aggregat läuft bzw. läuft nicht", „Ventil oder Klappe ist offen bzw. geschlossen", oder „der Grenzwert einer analogen Messgröße, wie z.B. Temperatur oder Druck, ist überschritten bzw. nicht überschritten". Die an den Eingangskanälen anliegenden Signale werden in den Steuerungen logisch verknüpft. Neben Konjunktions- (UND) und Disjunktions- (ODER) Verknüpfungen und Negationen sowie deren Kombinationen, wie beispielsweise Selbsthaltung oder binäre Flankenerkennung (s. 5.2.2), gibt es in den Steuerungen Hilfsfunktionen wie Zeiten und Zähler. Da Änderungen des von der Sensorik erfassten und zu verknüpfenden Zustandes jederzeit möglich sind und die Reaktion auf eine Änderung zuverlässig und schnell erfolgen soll, ist die zyklische Pro-

grammbearbeitung ein grundlegendes Element. Die Programme werden also nicht nur einmal vom Start bis zum Ende, sondern immer wieder durchlaufen, und dies mit möglichst kurzer Zykluszeit. Letztere soll zuverlässig kurz sein, um eine hohe Wiederholungssicherheit der zu steuernden Abläufe zu gewährleisten.
Die Ergebnisse der logischen Verknüpfungen sind TRUE oder FALSE und werden an die binären Ausgänge als 24V (TRUE) oder 0V (FALSE) weitergeleitet, um über Hilfskontakte Aggregate an- oder abzuschalten, Ventile zu öffnen oder zu schließen, usw.

In der mittleren Automatisierungsebene werden Daten mit dem Prozessverlauf „mitgeschoben" oder mit anderen Systemen ausgetauscht, Sollwerte unter Berücksichtigung von Produktionsvorgaben und aktuellem Prozesszustand berechnet und an die untere prozessnahe Ebene vorgegeben, ergebnisrelevante Daten gefiltert und sinnvoll zusammengefasst und an die obere Ebene der Produktionsvorgabe und -bewertung weitergegeben.
Prozess-Video-Systeme als Mensch-Maschine-Schnittstelle (MMI=Man-Machine-Interface) zum Bedienen und Beobachten des laufenden Prozesses werden bevorzugt in der mittleren wie in der unteren Prozessebene eingesetzt.
Als Beispiel für eine Aufgabe der mittleren Automatisierungsebene sei die Regelung einer Rauchgasentstickung genannt.
Die Prinzipreaktion lautet: $6\ NO_x + 4x\ NH_3 \rightarrow 6x\ H_2O + (3+2x)\ N_2$
(NO_x = verschiedenartige Stickoxide, NH_3 = Reduktionsmittel Ammoniak, H_2O = Wasser, N_2 = Stickstoff)
Das NH_3 wird in wässriger Lösung als NH_4OH in den Verbrennungsofen eingedüst. Das Ergebnis dieser Reduktion, die verminderte Belastung des Rauchgases mit Stickoxiden, wird später im etwas abgekühlten Rauchgaskanal gemessen und geht als Istwert in die Regelung ein. Entsprechend der Abweichung vom Sollwert wird die Menge des eingedüsten NH_4OH korrigiert. Im Hinblick auf eine bessere Vorhersehbarkeit von Belastungsspitzen im Rauchgas werden in diese Regelung weitere Prozessdaten einfließen. Die Darstellung dieser Werte und der Kurvenverläufe auf Bildschirmen dient der Überwachung und Optimierung der Regelparameter.

In der oberen Ebene des Automatisierungsverbunds werden Unternehmensdaten gespeichert und zu betriebswirtschaftlichen oder auch umwelttechnischen Entscheidungen herangezogen bzw. ausgewählt. Ein Beispiel hierfür ist das „Lastmanagement".
Der Wirkungsgrad von Kraftwerken zur Stromerzeugung steigt mit der Näherung der Auslastung an den vorausgeplanten Bereich, den „Nennlastbereich". Die Energieversorgungsunternehmen (EVU) planen ihre Kraftwerke nach Pro-

gnosen über den Verbrauch. Mit großen stromabnehmenden Industriebetrieben werden Verträge über Verbrauchsobergrenzen pro Zeiteinheit abgeschlossen. Das Überschreiten dieser Grenzen erfordert für die EVU das außerplanmäßige Bereitstellen zusätzlicher Leistung und das Abweichen von dem relativ umweltschonenden Nennlastbereich. Dies ist mit erhöhten Aufwendungen verbunden. Beim Lastmanagement werden die relevanten Daten des Industriebetriebs erfasst und, bei Verbrauchsspitzen, Anlagenteile auf die Möglichkeit der Abschaltung hin überprüft: Sind z.b. die Heizungen für Medien großer Wärmekapazität und ausreichender Temperatur für eine begrenzte Zeit ausschaltbar? Sind Produktionsteile bei Vergleich des Auftragsbestands mit einem großen Lagerbestand für die Dauer der Lastspitze ausschaltbar?

Die Grenzen der Aufgabenverteilung zwischen den verschiedenen Ebenen der Automatisierungshierarchie sind nicht genau definiert und fließend. Wie in sozialen Hierarchien können von "oben" nur Rahmenentscheidungen gefällt werden, die Detailentscheidungen fallen weiter "unten". Gleich dem Menschen in höherer, verantwortungsvoller Position besteht auch bei der Maschine die Gefahr der „Überlastung" durch ein Übermaß an Einzel- und Detaildaten, welche nicht mehr in ausreichender Zeit verarbeitet werden können.
Bei der Projektierung einer Industrieanlage gibt es keine starren Regeln, welche Informationen nach "oben" gelangen und welche in der unteren Ebene "unter sich ausgemacht" werden. Da die meisten Industrieanlagen individuelle Einzelstücke sind, unter anderem bedingt durch ökonomische Momentaufnahmen in der Planungsphase sowie durch regionale und kulturelle Faktoren, können trotz vieler Bemühungen um Standardisierung fachspezifische Automatisierungslösungen nicht einfach kopiert werden.

Auch wenn die logischen Abläufe in der unteren, der Detailebene perfekt und störungsfrei funktionieren würden („Schalte Flüssigkeitspumpe ab wegen Gefahr des Trockenlaufens, wenn Durchfluss-Signal fehlt"), so ist doch die Struktur der gesamten Fabrikautomatisierung nicht von vornherein klar vorgegeben, sondern wird von subjektiven Vorstellungen geprägt, die durchaus fehlerbehaftet sein können. Da die Szenarien, die einen Fehler auslösen können, in ihrem Auftreten sehr unwahrscheinlich sind (andernfalls wäre dies in der Regel aufgefallen), können diese Fehler während der Lebensdauer der Anlage unbemerkt bleiben.
Sicherheitstechnik, d.h. der redundante und selbst überwachende Aufbau von Steuerungssystemen, wird in erster Linie in der unteren Automatisierungsebene eingesetzt, da hier die Vermeidung von Unfällen, Beschädigungen und Zerstörungen gewährleistet werden muß.

5.2 Anforderungen an den Funktionsumfang

5.2.1 Logische Grundoperationen

„Die Wissenschaft, die vom Denken überhaupt ohne Ansehen des Objekts handelt, heißt die Logik" (Kant, 1961, S.39). In der Technik relevant ist die sogenannte „mathematische Logik", die insbesondere durch Boole, Frege und Schröder begründet wurde (Stegmüller, 1965, S. 430), *„in welcher man die Mängel zu beseitigen versucht, die der traditionellen Logik anhaften."* Diese „Mängelbeseitigung" wurde mit der Einführung einer mathematischen Symbolik und dem Aufbau einer möglichst präzisen Sprache angestrebt. Die mit Mängeln behaftete aristotelische Logik zieht beispielsweise nur Eigenschaftsprädikate in Betracht, jedoch keine Relationsprädikate. Es lässt sich gemäß Aristoteles aus den Prämissen „Alle Pferde sind Tiere" und „A ist ein Pferd" deduktiv schließen: „A ist ein Tier". Man kann aber wegen einer fehlenden Theorie für Relationsschlüsse aus „Alle Pferde sind Tiere" nicht ableiten: „Alle Köpfe von Pferden sind Köpfe von Tieren" (Stegmüller, 1965, S. 42). Die moderne Logik im engen Sinn wird durch die Aussagenlogik und die Quantorenlogik (Prädikatenlogik) gebildet (Stegmüller, 1965, S. 434).

*„Die Prädikatenlogik ist schlichtweg **die** Logik. Sie ist universell in dem Sinn, dass sich in ihr alles darstellen lässt, was sich überhaupt in irgend einer Logik oder einem anderen formalen System darstellen lässt."* (Hölldobler, 2001, S. 4)

Da aber die Automatisierung von industriellen Prozessen sich mit der logischen und arithmetischen Verknüpfung von abzählbaren Signalen befasst, ist die Verwendung der Quantoren „Es gibt" und „Für alle" nicht erforderlich und die Aussagenlogik für die logischen Aufgaben die hinreichende und notwendige Basis. Es könnte zwar eingewendet werden, dass die Existenz von Individuen nicht als Eigenschaft, sondern als Zugehörigkeit zum Individuenbereich auffasst werden soll, und daher die Prädikatenlogik auch für Bereiche von einigen Hundert bis zu wenigen Tausend Signalen universellere Werkzeuge bereitstellt. (Nebenbei bemerkt sei (Bergmann/Noll, 1977, S. 261): *„Falls man die Existenz dennoch als Eigenschaft benützen will, muss man Individuenbereiche mit fiktiven Elementen zulassen."*) Dennoch soll im Hinblick auf einen reduzierten Befehlssatz und auf die bewusste Verwendung jedes einzelnen Signals der Disjunktion der Vorzug vor dem Existenzquantor bzw. der Konjunktion der Vorzug vor dem Allquantor gegeben werden und somit die Aussagenlogik die Grundlage für den logischen Teil der Automatisierungstechnik sein.
Die Aussagenlogik stützt sich auf die semantischen Grundlagen der Zweiwertigkeit ihrer Aussagen (wahr oder falsch) und die Extensionalität ihrer Satzope-

ratoren (Schurz, 1995, S. 17). Extensionale Satzoperatoren, die sogenannten Junktoren, bestimmen den Wahrheitswert einer Aussage immer und eindeutig durch den Wahrheitswert ihrer Argumente.
Die Grundjunktoren der Aussagenlogik sind Negation („¬ " bzw. „NOT" bzw. „NICHT"), Konjunktion („Λ" bzw. „AND" bzw. „UND"), Disjunktion („V" bzw. „OR" bzw. „ODER") und materiale Implikation („->" bzw. „WENN...DANN" bzw. „IF...THEN") (Schurz, 1995, S. 24). Weitere Junktoren wie Alternation (Exklusiv oder), Äquivalenz, Weder-Noch lassen sich aus diesen Basis-Junktoren bilden.

Im Folgenden soll das aussagenlogische Äquivalenzkalkül Ä (Definition in 5.3.3) das zu Grunde liegende aussagenlogische Ableitungssystem sein. (Schurz, 1995, S. 97; s.a. Hölldobler, 2001, S. 79f)

Da die materiale Implikation „p->q" (WENN p DANN q) durch die Disjunktion „¬ p V q" (NICHT p ODER q) dargestellt werden kann, und sich so auch die Äquivalenz „p<->q" durch „(¬ p Λ¬ q) V (p Λ q)" semantisch äquivalent formulieren lässt, reduziert sich die Anzahl der für übersichtliches Programmieren notwendigen Junktoren von den oben genannten Grundjunktoren zu Negation „¬ ", Konjunktion „Λ", Disjunktion „V" sowie den Klammern „(" und „) " .

Die Junktoren Negation (¬ bzw. NOT bzw. NICHT), Konjunktion (Λ bzw. AND bzw. UND) und Disjunktion (V bzw. OR bzw. ODER) bilden zusammen mit Klammerregeln die Basisoperationen von modernen frei programmierbaren Automatisierungssystemen.

Diese 3 Operationen und die Klammerregeln sind, sofern man die der Übersicht abträglichen Ersetzung von Konjunktion oder Disjunktion mittels der De Morgan Gesetze (s. a. 5.3.3) außen vor läßt, für grundlegende logische Verknüpfungen notwendig. Sie sind auch für sehr einfache Anwendungen hinreichend, jedoch ist für den praktischen Einsatz zumindest die zusätzliche Aufnahme von sogenannten „Zeit-" und „Zählfunktionen" in das Operations-Repertoire notwendig (s. 5.2.2).
In einer „Zeitfunktion" wird der Wahrheitswert einer Aussage von der Dauer des Wahrheitswertes der Argumente abhängen. Die Aussage „p ist mindestens x Sekunden wahr" repräsentiert eine sogenannte „Einschaltverzögerung": x Sekunden, nachdem p wahr ist, wird die Aussage „p ist mindestens x Sekunden wahr" wahr. Die Aussage „p ist vor weniger als 10 Minuten wahr gewesen" repräsentiert eine sogenannte „Ausschaltverzögerung": 10 Minuten nachdem p nicht mehr wahr ist, wird die Aussage „p ist vor weniger als 10 Minuten wahr gewesen" nicht wahr. *„Mit den Zeitfunktionen realisieren Sie programmtech-*

nisch zeitliche Abläufe. Zeitliche Abläufe können z.B. Warte- und Überwachungszeiten sein, Messungen einer Zeitspanne oder die Bildung von Impulsen." (Berger, 1996, S. 107)
In einer „Zählfunktion" wird der Wahrheitswert einer Aussage von der Anzahl der Wechsel des abgefragten Argumentes von wahr zu falsch abhängen. *„Mit der Zählfunktion können Sie Zählaufgaben ... ausführen lassen. Die Zählfunktionen können sowohl vorwärts als auch rückwärts zählen."* (Berger, 1996, S. 118)

Interessant ist auch die Darstellung des Wahrheitswertes einer Aussage der Aussagenlogik im Vergleich zur Darstellung in der Automatisierungslogik: Beispielsweise ist in der Aussagenlogik die Aussage „E1 ∧ E2" wahr, wenn „E1" wahr ist und „E2" wahr ist. Die Darstellung „E1 ∧ E2" ist ausreichend für diesen aussagenlogischen Zweck. Der Leser dieser Darstellung kann die Verknüpfung und das Ergebnis verstehen und das Ergebnis in seinen Gehirnzellen speichern.
In der Automatisierungslogik hingegen soll das Ergebnis dieser Verknüpfung einem Ergebnis-Operanden, d.h. einer binären Variablen, zugeführt werden. Dies kann ein Ausgang oder ein Zwischenmerker sein. Die alleinige Aussage „E1 ∧ E2" ohne Zuführung des Ergebnisses (= des Wahrheitswertes) an einen weiteren Operanden könnte zwar in einem vom Betriebssystem definierten Bereich gespeichert werden. Da jedoch durchaus viele hundert bis zu einigen tausend logische Verknüpfungsergebnisse zwischenzuspeichern und weiterzuverarbeiten sind, sind anwenderunabhängige Speicherdefinitionen für die Zwischenspeicherung logischer Aussageergebnisse schwierig zu gestalten. Daher wird das „Abfrageergebnis" einer logischen Verknüpfung in einer „bedingten Operation" einem Ergebnisoperanden zugeführt (Berger, 1996, S. 76). Dies ist eine anwendungsunabhängige Lösung, welche sich bei den führenden Herstellern durchgesetzt hat; der Anwender kann jeder logischen Verknüpfung eine eigene binäre Variable als Ergebnis zuordnen und diese mit einem Namen versehen.

Beispielsweise soll genau dann, wenn „E1 ∧ E2" wahr ist, der Merker M4500.0 wahr sein. Es gilt die Äquivalenz „E1 ∧ E2 <-> M4500.0". Im nächsten Programmschritt könnte vereinbart werden, dass genau dann, wenn „E1 ∧ E2" wahr ist, der Ausgang „A1" ein Aggregat einschalten soll. Dies ließe sich durch die Äquivalenz „E1 ∧ E2 <-> A1"darstellen.

Ein einfaches Automatisierungsprogramm logischen Inhalts läßt sich also als Serie von Äquivalenzen formulieren. Folgende Darstellungen unserer letzten Beispiel-Äquivalenz sind üblich (U steht für das Konjunktions-UND):

```
U    E1
U    E2
=    A1
```

Dies könnte man in graphischer Form so darstellen:

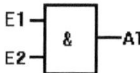

Es lassen sich mit diesen einfachen logischen Verknüpfungen auch die wichtigen Merker-Operanden „Always TRUE" und „Always FALSE" definieren (O steht für ODER, ON für ODER NICHT, U für UND, UN für UND NICHT):

Definition von „Always TRUE" im Programm:
```
ON   Always TRUE
O    Always TRUE
=    Always TRUE
```

Oder auch in graphischer Form:

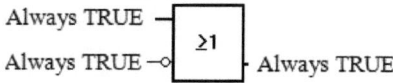

Definition von „Always FALSE" im Programm:
```
U    Always FALSE
UN   Always FALSE
=    Always FALSE
```

Oder auch in graphischer Form:

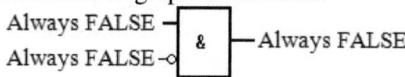

5.2.2 Erweiterte logische Operationen

„Erweiterte" logische Operationen besitzen eine zusätzliche diskret-zeitliche Komponente n, welche den aktuellen Rechenzyklus bezeichnet. Die Aussagen besitzen n als Argumentstelle und werden streng genommen durch monadische Atomsätze wiedergegeben.
Eine wichtige logische Operation ist die der sogenannten „Selbsthaltung", welche auch „FlipFlop" oder „S_R-Baustein" genannt wird. Die zyklische Programmbearbeitung, d.h. dass Programme nicht nur einmal vom Start bis zum Ende, sondern immer wieder durchlaufen werden, ist für die Realisierung dieser Funktion aus Grundoperationen ein grundlegendes Element. Die Selbsthaltungs-Operation wird durch die Verknüpfung „(Setz-Eingang ODER der vorher gesetzte Ausgang) UND NICHT Rücksetz-Eingang ==Ausgang" beschrieben. Dies lässt sich mit dem Setz-Eingang S(n), dem Rücksetz-Eingang R(n), dem Ausgang A(n) und dem Rechenzyklus n bzw. dem zuvor durchlaufenen Rechenzyklus n-1 wie folgt darstellen:

$$A(n) <-> (S(n) \lor A(n-1)) \land \neg R(n)$$

In der Assembler-artigen, zeilenorientierten „Anweisungsliste", welche typischerweise für viele Automatisierungssysteme die Sprachbasis ist und bei welcher die Befehle von oben nach unten Zeile für Zeile bearbeitet werden, würde dies heißen:

```
U(
O    S      Wenn S=TRUE, dann setze Zwischenspeicher auf TRUE
O    A      ODER Wenn A=TRUE, dann setze Zwischensp. auf TRUE
)
UN   R      Wenn R=TRUE, dann setze Zwischenspeicher auf FALSE
=    A      Übertrage Wert des Zwischenspeichers auf A, für Signal-
            ausgabe und für den nächsten Programmzyklus.
```

Wenn für länger als einen Rechenzyklus (der Setz-Eingang) S =TRUE und gleichzeitig (der Rücksetz-Eingang) R=FALSE ist, ist (der Ausgang) A auf TRUE gesetzt. Durch (den Rücksetz-Eingang) R=TRUE wird A zurück auf FALSE gesetzt.

Als weiteres typisches Beispiel sei die sogenannte „Flankenerkennung" genannt. Diese Funktion bildet bei Signalwechsel eines abzufragenden Signals einen Impuls, d.h. ein Signal, welches nur für einen Zyklus wahr ist. Dies ist eine sehr häufig genutzte Funktion, da es oft wichtig ist, nur im Augenblick der

Signaländerung ein Zwischensignal zu setzen oder etwa für Zählfunktionen die dafür notwendigen Zählimpulse zu bilden. In hier genanntem Beispiel soll bei Wechsel eines Eingangs E von FALSE auf TRUE für einen Rechenzyklus der Flankenmerker F auf TRUE stehen. Dabei ist nicht nur die Sequenz der Signale in den Rechenzyklen n-1, n, n+1 wichtig, sondern auch die Reihenfolge der Rechenschritte m und m+1 im Programm, d.h innerhalb eines Rechenzyklus. Dies wird durch folgende Verknüpfungen erreicht:

m-ter Programmschritt: Eingang UND NICHT Hilfsmerker = Flankenmerker
m+1-ter Programmschritt: Eingang = Hilfsmerker

Beim Umschalten des Eingangs E von FALSE-Signal (Rechenzyklus n-1) auf TRUE-Signal (Rechenzyklus n) wird der Flankenmerker im Programmschritt m wahr. Im nächsten Programmschritt m+1 desselben Rechenzyklus n bekommt auch der Hilfsmerker den TRUE-Status. Im nächsten Rechenzyklus n+1 wird durch den mittlerweile wahren Hilfsmerker der Flankenmerker wieder auf FALSE zurückgesetzt. Dies lässt sich mit dem auf Signaländerung überwachten Eingang E(n), dem Hilfsmerker H(n), dem Flankenmerker F(n) und dem Rechenzyklus n bzw. dem vorherigen Rechenzyklus n-1 wie folgt ausdrücken:

m-ter Programmschritt: $F(n) \leftrightarrow E(n) \wedge \neg H(n-1)$
m+1-ter Programmschritt: $H(n) \leftrightarrow E(n)$

Hierbei wird der Zustand von E(n) außerhalb dieser Äquivalenzen bestimmt, der Zustand von H(n) nur in diesen beiden Äquivalenzen definiert. In der Assembler-artigen Anweisungsliste würde dies so formuliert:

U	E	Wenn E=TRUE, dann setze Zwischenspeicher auf TRUE
UN	H	Wenn H=TRUE, dann setze Zwischenspeicher auf FALSE
=	F	Übertrage Zwischenspeicher auf F
U	E	Wenn E=TRUE, dann setze Zwischenspeicher auf TRUE
=	H	Übertrage Wert des Zwischenspeichers auf H, für den nächsten Programmzyklus

Graphisch könnte man diese binäre Einschalt-Flankenerkennung wie folgt darstellen (Auf der Werteachse entspricht „0" dem Wert FALSE, „1" dem Wert TRUE.):

Abb. 1:
Wert von E bzw. F

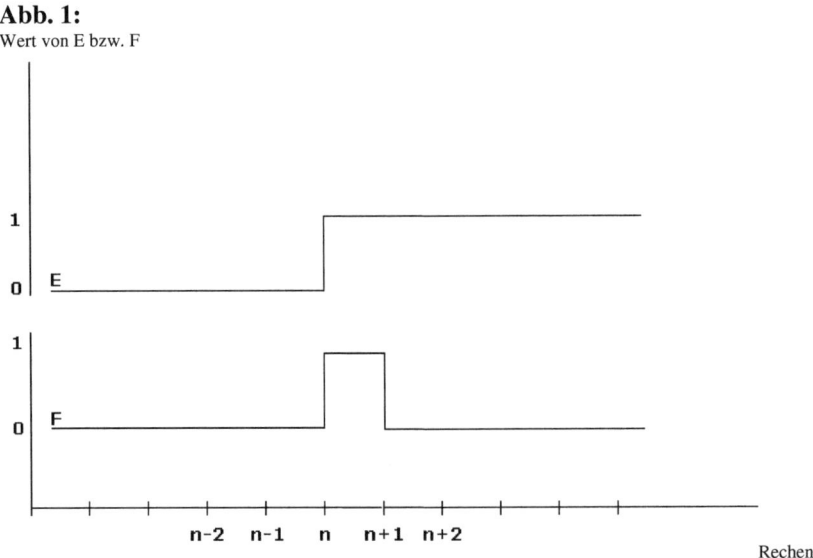

Graphische Darstellung der binären Flankenerkennung

Mathematisch betrachtet wird hier die 1. Ableitung der Heavysideschen Sprungfunktion, welche die Diracsche Deltafunktion ergibt, mit binärer Logik nachgebildet.

Als Anwendungsbeispiel für die beiden oben angeführten binären Funktionen könnte man das Absichern einer automatischen Hubeinrichtung betrachten. Der Einfahrtsbereich der Hubeinrichtung sei mit Lichtschranken zu einer Art „Lichtvorhang" ausgerüstet, welcher beim Durchfahren einer Grenze, dem Sicherheitsabstand, zur Hubeinrichtung hin durchbrochen wird. Die korrekte Positionierung der zu transportierenden Einheit auf der Hubeinrichtung wird ebenfalls durch geeignete Sensorik angezeigt.
Fährt eine zu transportierende Einheit durch den Lichtvorhang hindurch auf die Hubeinrichtung zu, so ist durch das Lichtschrankensignal ein Sperrmerker auf TRUE zu setzen. Der Zustand Sperrmerker = FALSE ist Bedingung zum automatischen Arbeiten des Hubwerks. Die positive Flanke des Signals der korrekten Positionierung soll den Sperrmerker wieder zurücksetzen. Die Hubeinrichtung könnte dann nach erfolgter Positionierung automatisch arbeiten, d.h. anheben oder absenken. Würde nach der Positionierung ein weiteres nachfolgendes Gewerk die Sicherheitslichtschranke berühren und den Sperrmerker abermals setzen, so könnte der Sperrmerker durch die Positionierung nicht mehr zurück-

gesetzt werden. Die erste zu transportierende Einheit ist schon positioniert, das Signal der korrekten Positionierung steht permanent auf TRUE; das Signal der positiven Flankenerkennung steht, nachdem es einmal für einen Rechenzyklus TRUE gewesen war, permanent auf FALSE. Der Sperrmerker wird daher nicht zurückgesetzt. Die Hubeinrichtung könnte nicht mehr automatisch arbeiten. Ein Wartungstechniker müsste visuell prüfen, ob das zweite Gewerk gefährlich nahe an dem Hubwerk steht, und nach Klärung die Situation im Handbetrieb bereinigen.

Abb. 2:

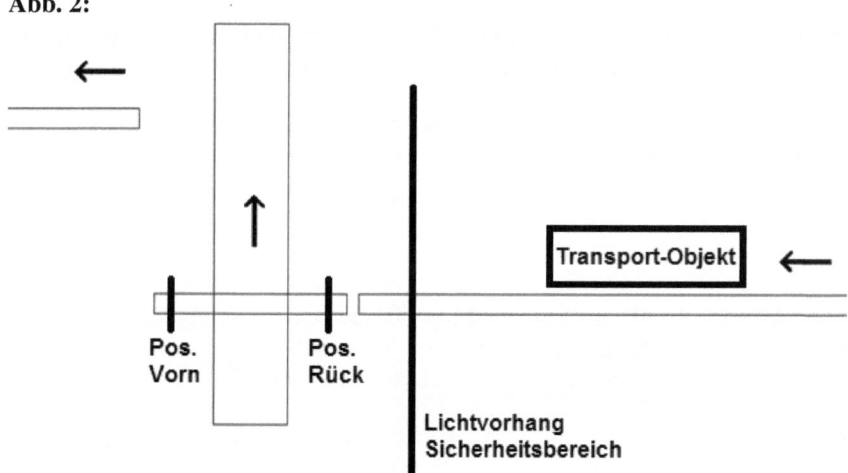

Graphische Darstellung einer automatischen Hubeinrichtung und einer Sicherheits-Lichtschranke im Einförder-Bereich unten. (Der Ausförder-Bereich oben ist hier nicht Gegenstand der Betrachtung.)

Weitere Beispiele für die Verwendung von Flankenmerkern, welche für genau einen Rechenzyklus TRUE sind, wären die Versorgung des Eingangs eines „Zählbausteins" oder die Versorgung eines Eingangs eines Datenschiebebausteines, welcher das Schieben der Daten bei jedem Ereignis um genau einen Platz gewährleisten soll.

Die Notwendigkeit der Verfügbarkeit einer „Zählfunktion" erweist sich beispielsweise im Falle eines Wartungssignals, welches nach einer bestimmten Anzahl von Signalwechseln die Erfordernis einer Wartungsinspektion anzeigen soll. Die Notwendigkeit der Verfügbarkeit einer „Zeitfunktion" zusätzlich zu den logischen Junktoren Negation, Konjunktion, Disjunktion und zu den Klammerregeln soll am Beispiel der Ansteuerung einer Flüssigkeitspumpe dargestellt werden.

WENN der Laufbefehl für die Flüssigkeitspumpe TRUE ist UND der zugehörige Störmerker FALSE ist, DANN schalte elektrische Leistung zur Pumpe ein. WENN die Pumpe eingeschaltet ist UND nach einer Zeit, z.b. 10 Sekunden, NICHT das Signal des Durchfluss-Sensors TRUE ist, DANN setze den zugehörigen Störmerker. (Aufgrund eines Lecks im Rohrleitungssystem könnte z.B. keine Flüssigkeit mehr durch die Pumpe transportiert werden. Durch den zugehörigen Störmerker soll ein Trockenlaufen und damit eine Beschädigung der Pumpe verhindert werden.) WENN die Alarmquittiertaste betätigt wird, DANN setze den zugehörigen Störmerker zurück. Um diesen Algorithmus in aussagenlogischen Äquivalenzen darzustellen, müsste man natürlich die Zeitfunktion formal definieren. Wenn die Aussage A für eine bestimmte Zeit t wahr ist, dann soll das für eine Darstellung in Aussagenlogik so dargestellt werden: $A \wedge t(A)$
Mit dem Laufbefehl L, dem Störmerker S im Rechenzyklus n, der Durchflußmeldung F, dem Quittiertaster Q und dem Einschalten der elektrischen Leistung P wird dies durch die Äquivalenzen

„$L \wedge \neg S \Leftrightarrow P$" und „$S(n) \Leftrightarrow ((P \wedge \neg F \wedge t(P \wedge \neg F)) \vee S(n-1)) \wedge \neg Q$"
dargestellt. In der Assembler-artigen „Anweisungsliste" würde dies zu (mit ZW = Zwischenspeicher, Ti = Merker des Zeitgliedes i, ti = Laufzeit des Zeitgliedes i):

U	L	Wenn Laufbefehl L = TRUE
UN	S	UND Wenn Störmerker S = FALSE
=	P	Dann setze Ausgang Leistung P =TRUE, sonst P=FALSE
U(		
O(		
U	P	Wenn Leistung P=TRUE
UN	F	UND Wenn Durchfluss F = FALSE
=	Ti	Dann setze Merker Ti = TRUE, sonst Ti = FALSE
L	ti=10sec	Lade eingestellte Laufzeit
)		Wenn Ti länger als 10sec TRUE
O	S	ODER Wenn Störmerker S = TRUE vom vorigen Zyklus
)		Dann setze ZW = TRUE, sonst ZW = FALSE
UN	Q	Wenn ZW=TRUE UND Wenn Quittiertaster Q = FALSE
=	S	Dann setze Störmerker S = TRUE, sonst S = FALSE

Die Mindestanforderung für den Funktionsumfang eines Automatisierungssystems ist also die Beherrschung der Grundjunktoren Negation, Konjunktion, Disjunktion, der Klammerregeln sowie einfacher Zeit- und Zählfunktionen.

5.3 Programmierung

Zur Erstellung der Ablauflogik, der Regelprogramme, der Nachrichtenübertragung *"..benötigen wir eine absolut eindeutige Sprache, in der wir effektive Verfahren festhalten und mit deren Begriffen wir Regeln für die Interpretation von Aussagen in anderen Sprachen formulieren können"* (Weizenbaum, 1975, S. 76/77) und welche sich einer möglichst transparenten Symbolik und einer möglichst wenig Eingabefehler erlaubenden Syntax bedienen sollte. Die Programme der SPS-Systeme werden in der Regel mit einem PC erstellt und bereits bei der Eingabe jedes Programmschritts auf syntaktische und definitorische Fehler hin überprüft. Das erspart langwierige Fehlersuche, die sonst beim ersten Lauf eines zu Ende geschriebenen Programms ohne vorherige Fehlerkontrolle erfolgen würde. Das fertige Programm wird kompiliert, d.h. in Maschinensprache übersetzt, und über eine Schnittstelle in das SPS-System geladen.

Die Programme enthalten logische und arithmetische Verknüpfungen sowie Funktionen zur Ansteuerung von Peripheriegeräten, Systemkopplungen etc. Neben den in 5.2 erwähnten Konjunktions- (UND) und Disjunktions- (ODER) Verknüpfungen, Negationen, Klammern und den daraus abgeleiteten Funktionen wie Setze-Rücksetze-Funktion und Flankenerkennung zählen hierzu auch Zeit- und Zählfunktionen, Vergleichsfunktionen, Schiebefunktionen, Adressierfunktionen für Datenstrukturen und andere. Arithmetische Verknüpfungen reichen von den Grundrechenarten und Vergleichsfunktionen bis zu komplexen Funktionen wie beispielsweise PID-Regler oder Polygonzuginterpolationen. Im Rahmen der fortgeschrittenen Spezialisierung und damit verbundenen länderübergreifenden Kommunikation der jeweiligen Spezialisten ergeben sich internationale, fachspezifische Sprachen bzw. Sprachnotationen (z.B. IEC1131).

5.3.1 Verknüpfungsorientierte Programmiersprachen am Beispiel KOP-FUP-AWL

Es wurde von mehreren Herstellern versucht, die drei verbreiteten verknüpfungsorientierten Sprachnotationen „Anweisungsliste", „Kontaktplan" und „Funktionsplan" in einer Programmiersprache wahlweise zur Verfügung zu stellen (Petry, 1993, S. 27). Hierbei ist die „Anweisungsliste (AWL)" die Assembler-artige, zeilenorientierte Befehlssprache (Berger, 1996, S. 51ff).
Unter Elektrikern und verwandten Berufen ist der sogenannte graphisch darstellende „Kontaktplan (KOP)" verbreitet, in welchem einfache logische Verknüpfungen wie UND bzw. ODER als serielle bzw. parallele Schaltung von "Strompfaden" gedacht und projektiert werden. Hierbei sollte sich der Elektriker als

Instandhalter bei der Programmbeobachtung und Fehleranalyse in seiner gewohnten "Umgebung", wie in Relaisschaltungen oder Schaltplänen, bewegen. Unter Ingenieuren ist neben der AWL-Programmierung auch der ebenfalls graphisch darstellende „Funktionsplan (FUP)" beliebt.

Als Beispiel für die Darstellung in allen drei Notationen sei genannt: WENN (Eingang E1 UND Eingang E2) TRUE-Signal haben ODER Eingang E3 ein FALSE-Signal hat, DANN sei A1 TRUE bzw. DANN schalte Spannung auf Ausgang A1:   ((E1 ∧ E2) V ¬ E3)<-> A1
Dieses würde in den jeweiligen Notationen wie folgt als Programm eingegeben werden:

KOP:

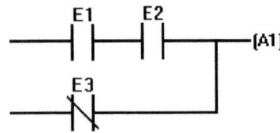

FUP:

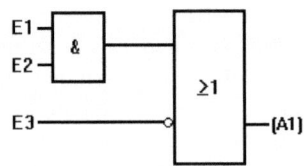

AWL:

O(	Wegen UND vor ODER	U E1
U E1	kann man auch schreiben:	U E2
U E2)		ON E3
ON E3		= A1
= A1		

(Die zeilenorientierte Assembler-artige „Anweisungsliste" repräsentiert das Verhalten der Maschinensprache am besten, das zeilenweise Bilden der Zwischenergebnisse und der zyklische Ablauf verhalten sich wie in 5.2.2 beschrieben.)

Einer Erläuterung bedarf die Funktionsplandarstellung der logischen ODER-Operation, welche durch ein arithmetisches „Größer/Gleich" dargestellt wird. Dies ist im Sinne mathematisch korrekter Syntax natürlich zweifelhaft, das „Größer/Gleich"-Symbol wurde wahrscheinlich aus Verlegenheit bzw. Mangel an griffiger Symbolik ausgewählt.
Trotzdem hat sich diese eigentlich unkorrekte Darstellung durchgesetzt und wird von den namhaften Herstellern in der „FUP"-Darstellung der ODER-Operationen verwendet. Falls in einem Rechenschritt der Funktionsplandarstellung ein logisches ODER mit einem arithmetischen „Größer/Gleich" verknüpft wird, so mag dann das zweimal mit jeweils unterschiedlicher Bedeutung erscheinende „Größer/Gleich"-Symbol für den Außenstehenden etwas verwirrend aussehen.
In diesem einfachen Beispiel wird der binäre Ausgang „A1" dann WAHR, wenn das analoge Eingangswort „EW1" größer dem analogen Eingangswort „EW2" ist oder wenn der binäre Eingang „E1" WAHR ist.

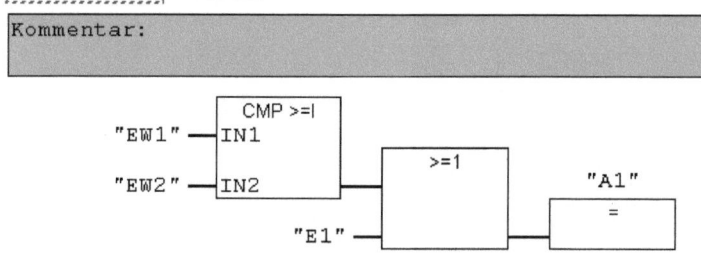

Zur Motivation bei der Auswahl des Größer-Gleich-Zeichens für das logische ODER kann man spekulativ annehmen, dass ein möglicher Konflikt mit dem arithmetischen Zeichen wegen der erst Jahre später vorliegenden Verfügbarkeit arithmetischer Funktionen als nicht wichtig erachtet wurde. Derartige Beschränkungen der Sichtweisen sollten bei Beachtung der Maßgaben der Techniktheorie, wie sie in 3.2 hergeleitet worden sind, nicht vorkommen, da die oben spekulativ angenommene Motivation vielleicht die damals vorliegende technische, nicht aber die wissenschaftliche Erfahrung berücksichtigen würde.
Die Darstellung dieses Beispiels in den beiden anderen beispielhaft betrachteten Notationen ist im übrigen klar und unproblematisch:

AWL:

Netzwerk 10: Titel:

Kommentar:

```
O(
L    "EW1"
L    "EW2"
>=I
)
O    "E1"
=    "A1"
```

KOP:

Netzwerk 10: Titel:

Kommentar:

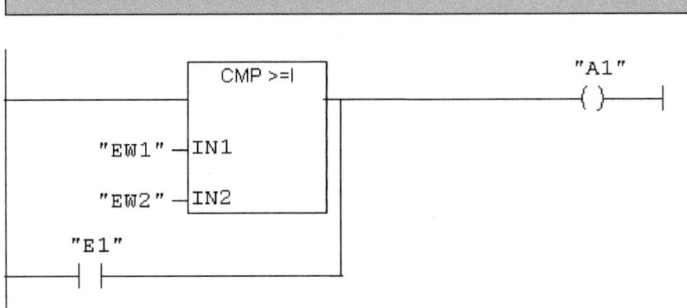

Die freie Übersetzbarkeit von einer Verknüpfungs-Notation in die andere ist bei einfachen Programm-Codes, wie bei unserem Beispiel, möglich. Nicht möglich wäre beispielsweise die direkte Übersetzung von "AWL"-Sprungfunktionen in die graphischen Darstellungen „Funktionsplan" oder „Kontaktplan".
Die Übersetzung eines komplexeren „AWL"-Programmteils in graphische Notationen ist möglich, wenn dieses als Baustein (als ursprünglich „KOP"-fremdes oder „FUP"-fremdes Element) in die graphischen Darstellungen integriert wird, dass z.B. im „Kontaktplan" das ursprüngliche Konzept der grafischen Nachbildung elektrischer Pläne um abstrakte Symbole erweitert wird.

Beispiel: Integration von Vergleichsoperation mit indirekter Adressierung in den Kontaktplan: Wenn das n+1-te Element der Datenstruktur „Struktur" den gleichen Wert hat wie das 2n-te Element derselben Datenstruktur UND der binäre Eingang E1 TRUE ist, dann schalte den Ausgang A1 ein.

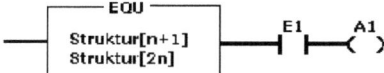

Die eigentliche Zielperson der Kontaktplandarstellung, der Wartungselektriker, wird normalerweise mit der Erwartung des Verstehens von Stromlaufplänen und elektrischen Schaltungen konfrontiert. Das Verständnis von komplexeren Funktionselementen, welche in diese Darstellung integriert worden sind, kann jedoch nicht vorausgesetzt werden. Daher werden komplexe Funktionselemente im Störungsfall oft als „BlackBox" betrachtet, welche den beabsichtigten Funktionsablauf entweder gestattet („funktioniert") oder behindert („funktioniert nicht").

Die Übernahme fremder Sprachelemente ist bei Entwicklungsdefizit der eigenen Sprache im übrigen auch bei natürlichen Sprachen nichts Ungewöhnliches. Neue Programmfunktionen müssen vor der Integration in eine Programmiersprache genau definiert und auf Konfliktfreiheit mit dem bisherigen Sprachrepertoire überprüft werden.

5.3.2 Prozessgeführte Ablaufsteuerung

Bei den vorher betrachteten „verknüpfungsorientierten" Programmen werden Abfragen, Befehle und alle logischen Verknüpfungen in jedem Rechenzyklus bearbeitet. Eine Ausnahme bilden hier bedingte Aufrufe von Funktionen. Dagegen werden in einem „ablauforientierten" Programm während eines verfahrenstechnischen Prozess-Schrittes lediglich die für diesen Teil des Ablaufs notwendigen Programmverknüpfungen bearbeitet.

„Verknüpfungssteuerungen sind dadurch gekennzeichnet, dass zu jedem beliebigen Zeitpunkt den Eingangswerten bestimmte Ausgangswerte zugeordnet werden. Die Informationsverarbeitung erfolgt vorwiegend mit Booleschen Grundfunktionen. Es können jedoch auch Zeit- und Speicherfunktionen vorhanden sein." (Petry, 1993, S. 9)

„Im Unterschied zu Verknüpfungssteuerungen ist bei Ablaufsteuerungen immer nur ein ganz bestimmter Programmteil (ein Schritt) zur Bearbeitung freigegeben. Erst wenn die Bedingungen für diesen Schritt erfüllt sind, wird auf den nächsten Schritt geschaltet. Eine Steuerung mit zwangsläufig schrittweisem Ablauf, bei der die Weiterschaltbedingungen nur von Signalen der gesteuerten Anlage abhängig sind, nennt man prozessgeführte Ablaufsteuerung." (Petry, 1993, S. 10)

Die Verknüpfung des 2. Schrittes wird erst bearbeitet, wenn der Prozess den 1. Schritt durchlaufen hat, der n+1-te Schritt wird von der Steuerung nach sowohl

Steuerungs- als auch Prozess-seitiger Beendigung des n-ten Schrittes ausgeführt. Das Programm befindet sich in der Regel im n-ten Schritt, wenn die zu steuernde Maschine sich ebenfalls im n-ten Schritt befindet.
Im Falle von Störungen und Diskrepanzen zwischen dem Schrittzustand des Programms und dem der Maschine müssen Programm und Maschine durch manuellen Eingriff in einen Grundzustand bzw. eine Grundstellung als gemeinsame Startbedingung gebracht werden.

Schrittketten können den Programmieraufwand minimieren, da nur die Zustände betrachtet werden, welche die Maschine im regulären Ablauf durchläuft. Daher macht deren Einsatz insbesondere Sinn in Fällen, bei welchen die Anzahl der potentiellen Zustände die Anzahl der zu durchlaufenen Zustände deutlich übersteigt. Für den Wunsch, aus allen möglichen Situationen wieder in einen automatischen Ablauf zu geraten, ist wiederum die Anwendung der verknüpfungsorientierten Programmierung der zielführendere Weg.
Die Schrittketten werden im allgemeinen in einer Art Entscheidungs-Fluss-Diagramm graphisch programmiert und dargestellt. Würde man das Beispiel
U   E1
U   E2
ON E3
=   A1
innerhalb einer Schrittkette in einem Entscheidungs-Fluss-Diagramm programmieren, so könnte das Ergebnis bei einer Schrittkette mit relativ einfachen Werkzeugen so aussehen (Die Schrittkette müsste hierbei bei Erreichen des Endes immer wieder zu ihrem Anfang springen, der hier betrachtete Teil der logischen Verknüpfung also zyklisch bearbeitet werden.):

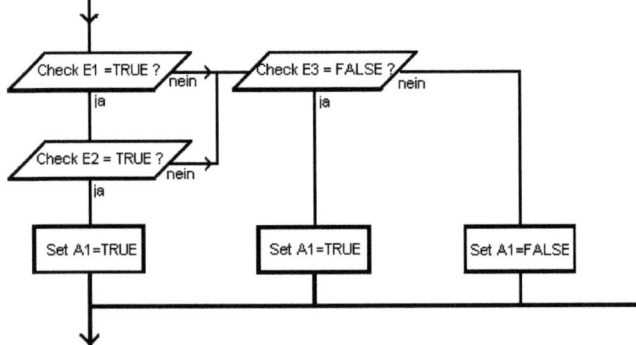

Unterschiedliche Sprachen (KOP/FUP/AWL versus Schrittkette) können bei unterschiedlichen syntaktischen Prinzipien auch unterschiedliche Algorithmen bewirken. Es ist daher wichtig, vor der Programmerstellung die am besten passende Programmiersprache für die Aufgabenstellung abzuwägen. Eine einfache logische Verknüpfung in einer Schrittkette zu programmieren, führt, wie das Beispiel zeigt, zu ineffektiv hohem Arbeitsaufwand und zu unübersichtlichen Programmstrukturen. Im übrigen ähneln Schrittketten mehr den PC-Hochsprachenprogrammen als den verknüpfungsorientierten SPS-Programmen, welche immer zyklisch bearbeitet werden. Sollte bei der Verwendung einer auf einem Schrittkettenprogramm basierenden Software die permanente und zyklische Abfrage von Programmteilen gewünscht sein, so ist für die mögliche Nichterfüllung blockierender Bedingungen jeweils ein paralleler Ausweichpfad in Betracht zu ziehen sowie Rücksprünge zum Anfang der Gesamt- oder einer Teilsequenz hinzuzufügen.

Die Effektivität eines Algorithmus lässt sich an der Bearbeitungszeit und am benötigten Speicherplatz messen bzw. durch Komplexitätsbetrachtungen abschätzen (Rosen, 1988, S. 85).

5.3.3 Regeln der Logik

Die Programmiersprache für Automatisierungssysteme soll im einfachsten Fall logische, in höheren Entwicklungsstufen arithmetische, Adressierungs- und viele andere Funktionen darstellen können. Logische Systeme lassen sich durch sogenannte Kalküle beschreiben, die aus Axiomen und Schlußregeln bestehen, welche dieses System dann vollständig festlegen. Die Axiome unserer logischen Systeme sind logisch wahre Sätze, d.h. Tautologien, aus denen alle anderen das System beschreibenden Theoreme (Schlüsse, logisch wahre Aussagen) logisch herleitbar sind. Da ein einfaches Automatisierungsprogramm, wie in 5.2.1 gezeigt, mit aussagenlogischen Äquivalenzen dargestellt werden kann, sollen die Axiome eines logischen Kalküls, welches den Bedürfnissen der Automatisierungslogik entspricht, dem Äquivalenzkalkül Ä der Aussagenlogik entnommen werden (Schurz, 1995, S. 97). Diese Axiome sollen zunächst in den üblichen Programmformen dargestellt werden können.

Hierbei entfallen die beiden Definitionsaxiome der Implikation, da diese, wie in 5.2.1 gezeigt, in der Sprache der Automatisierungstechnik nicht zwingend notwendig sind.

a. Doppelte Negation DN: $\neg\neg A <-> A \ ; \ A <-> \neg\neg A$
b. Kommutativität der Konjunktion: $A \wedge B <-> B \wedge A$
c. Kommutativität der Disjunktion: $A \vee B <-> B \vee A$
d. Assoziativität der Konjunktion: $(A \wedge B) \wedge C <-> A \wedge (B \wedge C)$
e. Assoziativität der Disjunktion: $(A \vee B) \vee C <-> A \vee (B \vee C)$
f. Idempotenz der Konjunktion: $(A \wedge A) <-> A$

g. Idempotenz der Disjunktion: $(A \lor A) \leftrightarrow A$
h. Distributivgesetz 1: $(A \land (B \lor C)) \leftrightarrow (A \land B) \lor (A \land C)$
i. Distributivgesetz 2: $(A \lor (B \land C)) \leftrightarrow (A \lor B) \land (A \lor C)$
j. De Morgan Gesetz 1: $\neg(A \land B) \leftrightarrow \neg A \lor \neg B$
k. De Morgan Gesetz 2: $\neg(A \lor B) \leftrightarrow \neg A \land \neg B$
l. Überflüssige Tautologie: $A \land (B \lor \neg B) \leftrightarrow A$
m. Überflüssige Kontradiktion: $A \lor (B \land \neg B) \leftrightarrow A$
n. $\land$-Absorption: $A \land (A \lor B) \leftrightarrow A$
o. $\lor$-Absorption: $A \lor (A \land B) \leftrightarrow A$

Die einzige Schlußregel des Äquivalenzkalküls, die Ersetzungsregel, kann ebenfalls übernommen werden:
Ersetzungsregel: Es sei die Formel C[A/B] aus C hervorgegangen durch das Ersetzen von A durch B. Dann gilt:
1. Wenn A<->B, dann gilt auch C[A/B] <-> C .
2. Ist A<->B ein logisches Theorem, d.h. eine Tautologie, dann ist auch C[A/B] <-> C ein logisches Theorem.

Die Axiome des Äquivalenzkalküls und das Einsetzungstheorem werden auch als geltende „semantische Äquivalenzen" der Aussagenlogik bezeichnet (Hölldobler, 2001, S. 79f). Zunächst soll gezeigt werden, dass die obigen Axiome in einer Programmiersprache der Automatisierung formulierbar, also programmierbar sind. Wie wir nun zeigen wollen, bietet ein solches Programm die Möglichkeit der automatischen Übersetzbarkeit zwischen graphischer und zeilenorientierter Sprache.
Die doppelte Negation lässt sich nur in assemblerartiger „Anweisungsliste" formulieren. Für diese Art der definitorisch wichtigen, aber funktionell überflüssigen Darstellung gibt es kein graphisches Symbol.

Doppelte Negation:

UN(
UN   #A
)   ⇔   **U   #A**
=   #Logisches_Ergebnis   **=   #Logisches_Ergebnis**

Die anderen Axiome sind in „Anweisungsliste", graphischem „Funktionsplan (FUP)" und graphischem, elektrischen Schaltungen nachgebildeten „Kontaktplan (KOP)" darstellbar:

Kommutativität der Konjunktion:
AWL:

U	#A		U	#B
U	#B	⇔	U	#A
=	#Logisches_Ergebnis		=	#Logisches_Ergebnis

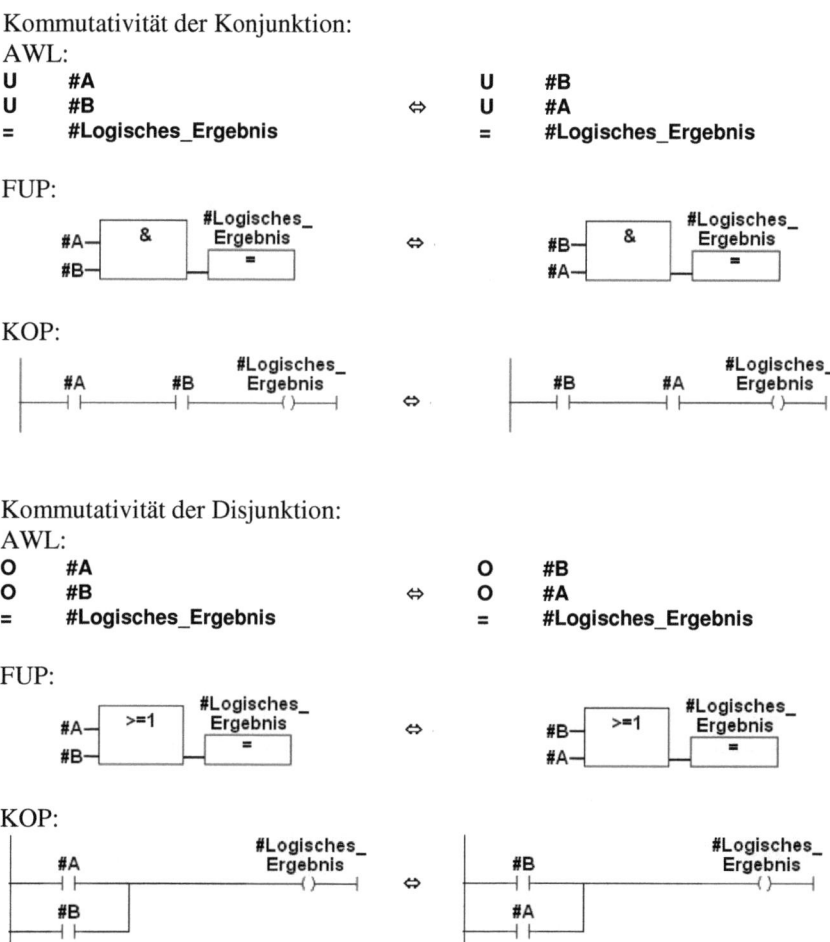

Bei der nachfolgenden Assoziativität der Konjunktion fällt auf, dass diese sich nicht in KOP darstellen lässt, bzw. die Klammerung bei der automatischen Übersetzung in KOP eliminiert wurde.

Bei der Konjunktion dreier elektrischer Kontakte, welche deren serieller Schaltung entspricht, gibt es in der Praxis keine Klammerregel, da diese eben wegen dieses Axioms überflüssig ist.

Assoziativität der Konjunktion:
AWL:

U(			U	#A
U	#A		U(	
U	#B	⇔	U	#B
)			U	#C
U	#C		)	
=	#Logisches_Ergebnis		=	#Logisches_Ergebnis

FUP:

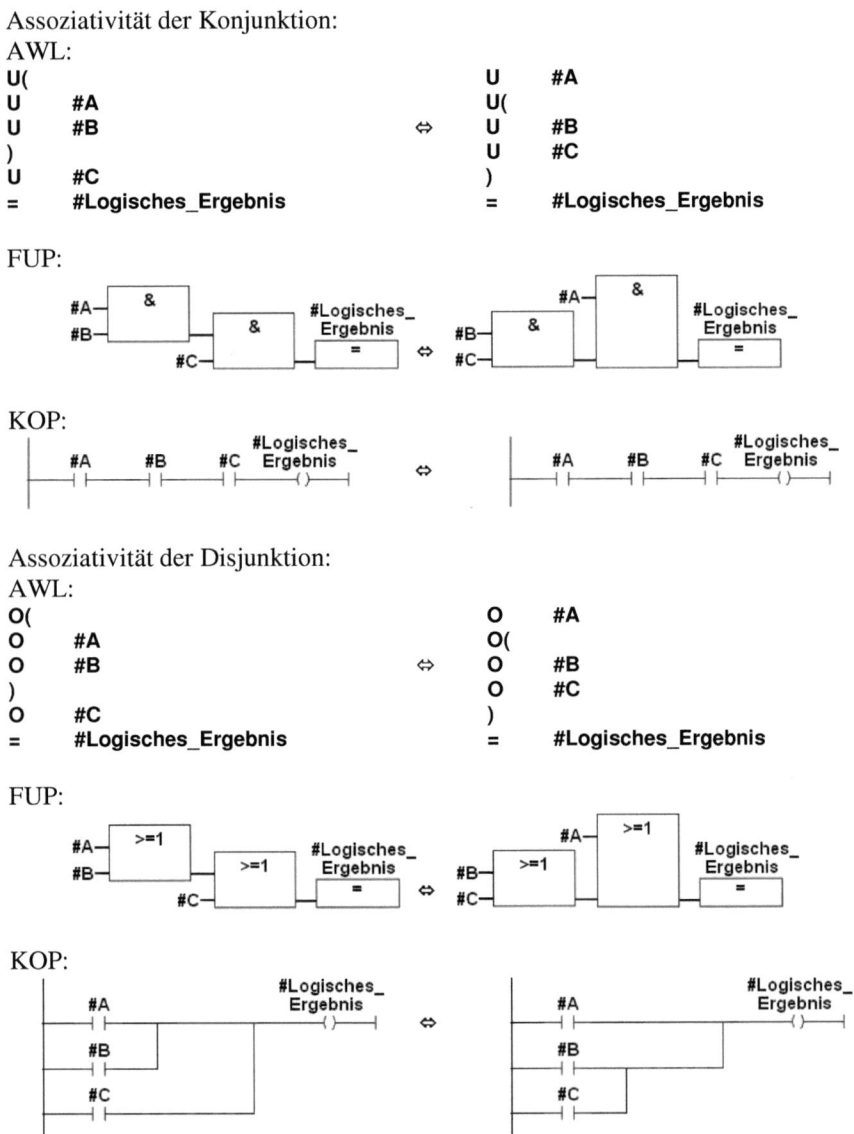

KOP:

Assoziativität der Disjunktion:
AWL:

O(			O	#A
O	#A		O(	
O	#B	⇔	O	#B
)			O	#C
O	#C		)	
=	#Logisches_Ergebnis		=	#Logisches_Ergebnis

FUP:

KOP:

Idempotenz der Konjunktion:
AWL:

```
U    #A                              U    #A
U    #A              ⇔               =    #Logisches_Ergebnis
=    #Logisches_Ergebnis
```

FUP:

```
         ┌───┐   #Logisches_
   #A ───┤ & ├── Ergebnis                     ┌───┐   #Logisches_
   #A ───┤   ├──── =                  #A ─────┤ & ├── Ergebnis
         └───┘                                └───┘    =
```
⇔

KOP:

```
   #A    #A    #Logisches_                           #Logisches_
  ─┤├────┤├──── Ergebnis                 #A          Ergebnis
               ─( )─                    ─┤├──────────( )─
```
⇔

Idempotenz der Disjunktion:
AWL:

```
O    #A                              O    #A
O    #A              ⇔               =    #Logisches_Ergebnis
=    #Logisches_Ergebnis
```

FUP:

```
         ┌────┐   #Logisches_                 ┌────┐   #Logisches_
   #A ───┤ >=1├── Ergebnis             #A ────┤ >=1├── Ergebnis
   #A ───┤    ├──── =                          └────┘    =
         └────┘
```
⇔

KOP:

```
      #A       #Logisches_                           #Logisches_
    ─┤├────────Ergebnis                 #A           Ergebnis
    │          ─( )─                   ─┤├──────────( )─
    │  #A
    └─┤├
```
⇔

Distributivgesetz 1:
AWL:

```
U    #A                              U    #A
U(                                   U    #B
O    #B              ⇔               O
O    #C                              U    #A
)                                    U    #C
=    #Logisches_Ergebnis             =    #Logisches_Ergebnis
```

FUP:

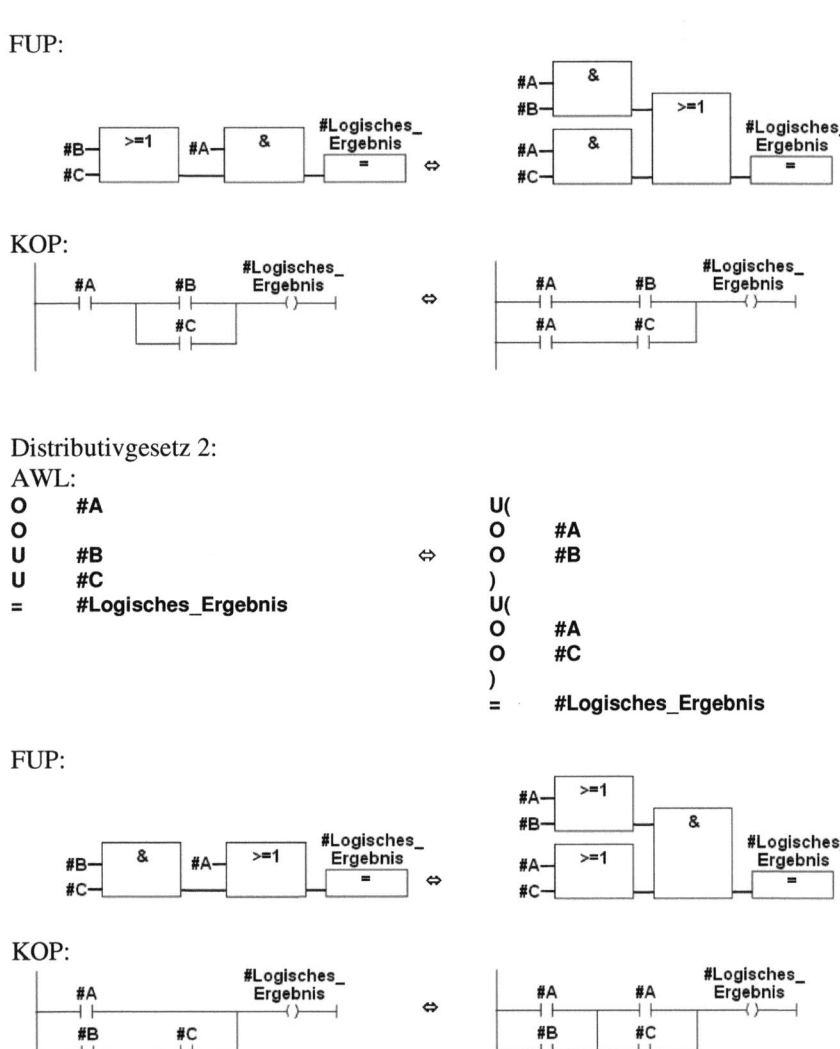

KOP:

Distributivgesetz 2:
AWL:

```
O    #A                              U(
O                                    O    #A
U    #B            ⇔                 O    #B
U    #C                              )
=    #Logisches_Ergebnis             U(
                                     O    #A
                                     O    #C
                                     )
                                     =    #Logisches_Ergebnis
```

FUP:

KOP:

Für die Übersetzbarkeit in die graphische Darstellung der beiden De Morgan Gesetze muß jeweils die zweite Alternative der Anweisungslisten-Programmierung gewählt werden.

Dies liegt daran, dass die Negation eines graphisch dargestellten UND-Blocks im allgemeinen nur durch ein Negationssymbol an dessen Ausgang angeboten wird.

De Morgan Gesetz 1:
AWL:
```
UN(                                    ON   #A
U    #A                                ON   #B
U    #B                    ⇔           =    #Logisches_Ergebnis
)
=    #Logisches_Ergebnis
```

AWL:
```
U    #A                                ON   #A
U    #B                                ON   #B
NOT                        ⇔           =    #Logisches_Ergebnis
=    #Logisches_Ergebnis
```

FUP:

```
       ┌───┐  #Logisches_                      ┌─────┐  #Logisches_
#A─────┤ & ├──Ergebnis              #A─o──────┤ >=1 ├──Ergebnis
#B─────┤   ├o─ =           ⇔        #B─o──────┤     ├─ =
       └───┘                                   └─────┘
```

KOP:

```
       #A      #B    #Logisches_                      #A           #Logisches_
   ┬───┤ ├─────┤ ├───Ergebnis                     ┬───┤/├──────────Ergebnis
   │                 ─┤NOT├─( )─    ⇔             │                ──( )──
                                                  │   #B
                                                  ┴───┤/├
```

De Morgan Gesetz 2:
AWL:
```
UN(                                    UN   #A
O    #A                                UN   #B
O    #B                    ⇔           =    #Logisches_Ergebnis
)
=    #Logisches_Ergebnis
```

AWL:
```
U(
O    #A                                UN   #A
O    #B                                UN   #B
)                          ⇔           =    #Logisches_Ergebnis
NOT
=    #Logisches_Ergebnis
```

FUP:

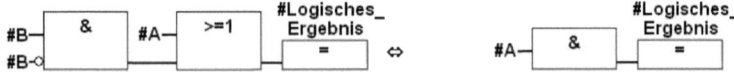

KOP:

Überflüssige Tautologie:
AWL:
U   #A
U(
O   #B   **U   #A**
ON   #B   ⇔   **=   #Logisches_Ergebnis**
)
=   #Logisches_Ergebnis

FUP:

KOP:

Überflüssige Kontradiktion:
AWL:
O   #A
O
U   #B   **U   #A**
UN   #B   ⇔   **=   #Logisches_Ergebnis**
=   #Logisches_Ergebnis

FUP:

KOP:

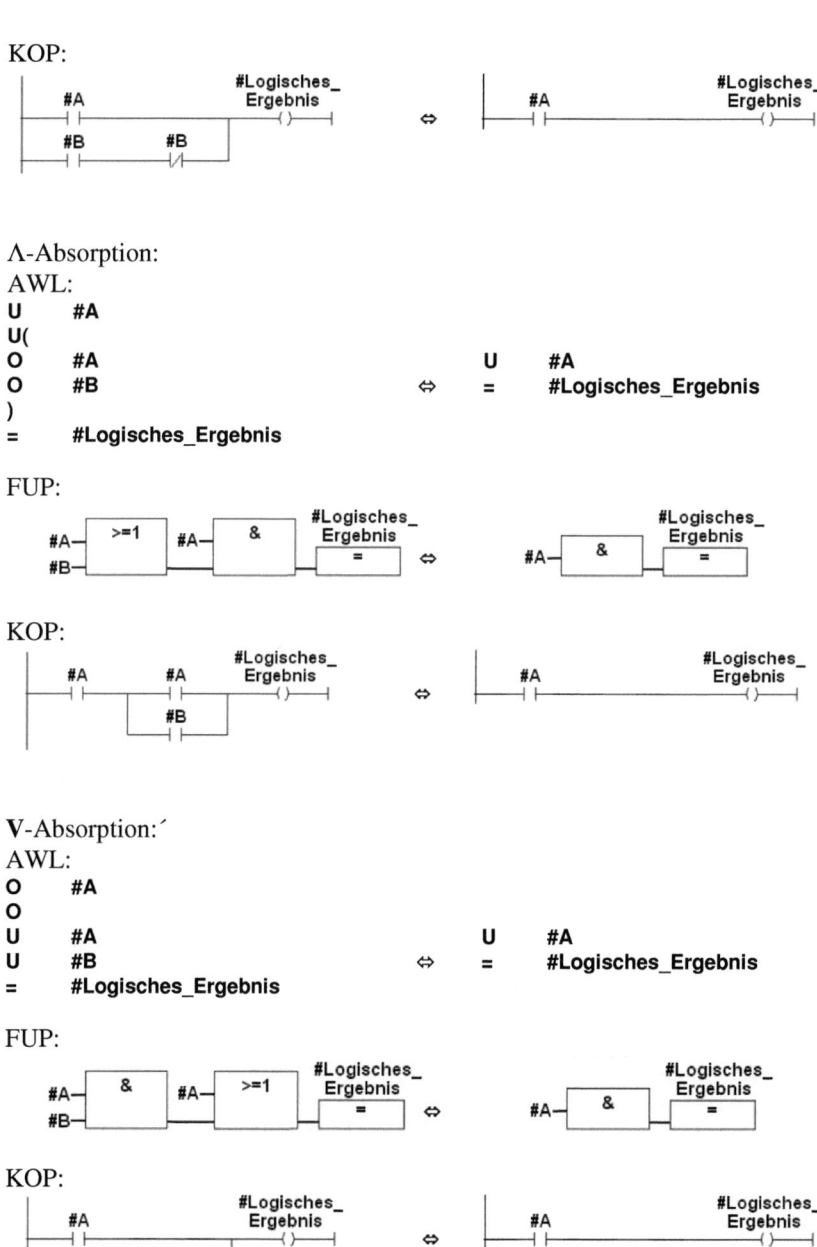

Λ-Absorption:
AWL:
U   #A
U(
O   #A
O   #B   ⇔   **U   #A**
)   **=   #Logisches_Ergebnis**
=   #Logisches_Ergebnis

FUP:

KOP:

V-Absorption:´
AWL:
O   #A
O
U   #A   **U   #A**
U   #B   ⇔   **=   #Logisches_Ergebnis**
=   #Logisches_Ergebnis

FUP:

KOP:

Die Tatsache, dass auf die aufgezeigte Weise somit sämtliche Axiome des Äquivalenzkalküls eine direkte graphische Darstellung mithilfe der funktionalen Gleichwertigkeit von elektrischen Schaltkreisen besitzen, ist von unabhängigem logisch-philosophischen Interesse. Denn damit wird gezeigt, dass elektrische Schaltkreise, auch in digital-elektronischer Form, für die graphische Darstellung logischer Beweise eine ähnliche Funktion besitzen wie geometrische Operationen für die graphische Darstellung arithmetischer Beweise.

Insbesondere anhand der Darstellung im sogenannten „Kontaktplan", in welchem die jeweiligen logischen Verknüpfungen durch entsprechende elektrische Relaisschaltungen nachgebildet werden, erscheinen die Axiome des Äquivalenzkalküls als ausgesprochen plausibel. Sie konnten dann auch anhand der tatsächlichen Funktion der laufenden Programme verifiziert werden. (#Logisches_Ergebnis ist eine binäre Variable, welche auf den richtigen Wahrheitswert hin überprüft werden kann.)

Doppelte Negation und die beiden De Morgan Gesetze verdienen noch besondere Aufmerksamkeit. Hierbei soll zunächst der Unterschied in der Darstellung von Aussagenlogik und Assemblerprogramm näher betrachtet werden.
Die Aussag A (Aussagenlogik) entspricht der Assembleraussage A = TRUE.
Die Äquivalenz ¬¬A <-> A entspricht daher NOT (NOT A) = TRUE <-> A = TRUE. Hieraus folgt dann die Äquivalenz:
NOT (NOT A) = Verknüpfungsergebnis <-> A = Verknüpfungsergebnis

Mit der Definition der „Negations-Äquivalenz-Axiome":
p) NOT A = Verknüpfungsergebnis <-> A = NOT Verknüpfungsergebnis
q) NOT A = NOT Verknüpfungsergebnis <-> A = Verknüpfungsergebnis
und der Substitution B:= NOT A gelten dann die Äquivalenzen:
NOT (NOT A) = Verknüpfungsergebnis <->
<-> NOT B = Verknüpfungsergebnis <-> B = NOT Verknüpfungsergebnis <->
<-> NOT A = NOT Verknüpfungsergebnis <-> A = Verknüpfungsergebnis
Dies wäre dann auch in graphischer Notation nachvollziehbar.

Für die Umwandlung der De Morgan-Axiome in graphisch darstellbare Äquivalenzen ist das Axiom p ebenfalls anwendbar. Daher sollen die beiden Axiome p und q für unser Automatisierungs-Äquivalenz-Kalkül den Axiomen a bis o beigefügt werden.
Da die Programmdarstellung im Kontaktplan der Funktion einer gleichartig aufgebauten Relais-Schaltung entspricht, ist die Gültigkeit der Einsetzungsregel trivial. Ein Relais-Kontakt ist naturgemäß logisch und schaltungstechnisch

äquivalenter Ersatz für eine elektrische Schaltung zur Ansteuerung seiner eigenen Relais-Spule.

Die Axiome des Äquivalenzkalküls entsprechen im übrigen den Basisgesetzen der Booleschen „Algebra of Sets" für Teilmengen A,B,C der Universalmenge U (Nerode/Shore, 1997, S. 319):

„*We now list the basic laws for Boole's algebra of sets for subsets A, B, C of U:*

Associativity Laws	*(1A) $(A \cup B) \cup C = A \cup (B \cup C)$*	
	(1B) $(A \cap B) \cap C = A \cap (B \cap C)$	
Commutativity Laws	*(2A) $A \cup B = B \cup A$*	*(2B) $A \cap B = B \cap A$*
Idempotence Laws	*(3A) $(A \cup A) = A$*	*(3B) $(A \cap A) = A$*
Distributivity Laws	*(4A) $(A \cup (B \cap C) = (A \cup B) \cap (A \cup C)$*	
	(4B) $A \cap (B \cup C) = (A \cap B) \cup (A \cap C)$	
De Morgan's Laws	*(5A) $\neg (A \cap B) = \neg A \cup \neg B$*	
	(5B) $\neg (A \cup B) = \neg A \cap \neg B$	
Negation Laws	*(6A) $\neg A \cup A = U$*	*(6B) $\neg A \cap A = 0$*
Empty Set Laws	*(7A) $A \cup 0 = A$*	*(7B) $A \cap 0 = 0$*
Absorption Laws	*(8A) $A \cup U = U$*	*(8B) $A \cap U = A$*
Double Negation Law	*(9A) $A = \neg (\neg (A))$* "	

Hierbei sind:
- $A \cup B$ *"the union of two sets"* die Vereinigungsmenge, deren Elemente zu A oder zu B gehören;
- $A \cap B$ *"the intersection of two sets"* die Schnittmenge, deren Elemente zu A und zu B gehören;
- $\neg A = U - A$ *"the complement of A"* die Menge, deren Elemente zu U und nicht zu A gehören.

Die überflüssige Tautologie des Äquivalenzkalküls der Aussagenlogik entspricht hierbei den Booleschen Mengen-Basisregeln (6A) und (8B), die überflüssige Kontradiktion den Regeln (6B) und (7A).

Die Universalmenge U der Booleschen Mengen-Basisregeln entspricht einer immer wahren Aussage $p \lor \neg p$ des Äquivalenzkalküls, d.h. einer Tautologie bzw. „Always TRUE". Die leere Menge 0 entspricht einem aussagenlogischen Widerspruch $p \land \neg p$ bzw. „Always FALSE".

Analog zu den Basisgesetzen der Booleschen „Algebra of Sets" für Teilmengen sollen die Axiome des Äquivalenzkalküls als „Basisgesetze der Automatisierungslogik" bezeichnet werden. Ein Nicht-Erfüllen eines dieser Axiome wäre ein Falsifikationskriterium für die korrekte Funktion eines logischen Automatisierungssystems.

5.3.4 Standard-Bausteine

Die Entwicklung und der Einsatz von Standard-Bausteinen sollen den „Wildwuchs" an individuellen Lösungen für sich wiederholende Themengebiete begrenzen und eine normierende Funktion haben. Standardbausteine sollen wiederholt auftauchende und bekannte Algorithmen durch ausgereifte und getestete Programmfunktionen bearbeiten und nur noch die Parametrierung an ihrer Oberfläche durch den Anwender erfordern. Es stellt sich hierbei die Frage: Wie viel Funktionalität soll in den Standard-Baustein als Black-Box integriert werden und wie viel individuelle Anpassung wird dem Anwender erlaubt?
Werden zu viele Prozessbedingungen in den Standardbaustein integriert, so bewirken unerwartete Anforderungsänderungen einen wesentlich höheren Grad an Anstrengungen als bei frei programmierten Algorithmen. Die Anwender können keinen passenden Baustein aus der „Schublade" ziehen, dieser muss u. U. erst durch einen autorisierten Entwickler konstruiert werden.

Es sei nun:

ΔTu die Unbestimmtheit der Zeitaufwandsabschätzung für die Programmierung eines Algorithmus mit nicht standardisierter, frei programmierbarer Software. (Der tatsächliche Zeitaufwand sei also der abgeschätzte Zeitaufwand $\pm \frac{1}{2} \cdot \Delta Tu$)

ΔSu die Ungewissheit der Erfüllung gewisser Standardisierungsregeln bei der Programmierung eines Algorithmus mit nicht standardisierter Software

ΔTs die Unbestimmtheit der Zeitaufwandsabschätzung für die Programmierung eines Algorithmus mit standardisierter Software

ΔSs die Ungewissheit der Erfüllung gewisser Standardisierungsregeln bei der Programmierung eines Algorithmus mit standardisierter Software

Der Zeitaufwand für die Programmierung eines Algorithmus mit freier, nicht standardisierter, Software lässt sich von einem erfahrenen Programmierer relativ genau abschätzen. Die Art des Problems ist ihm vom Grundsatz her bekannt, Quantität und Verknüpfungstiefe bestimmen im Groben den Zeitaufwand, ΔTu ist hierbei relativ klein.
Ob die formalen Vorstellungen des Anlagenbetreibers hierbei vom Programmierer erfüllt werden, dürfte auch davon abhängen, inwieweit diese sich mit den Erfahrungen des Programmierers vereinbaren lassen. Sollten die Vorstellungen des Kunden ein vollständiges Umdenken des Programmerstellers bezüglich seiner bisherigen Erfahrungen bedeuten, wird er unter Umständen, auch mit Rück-

sicht auf seine Aufwandskalkulation, die Umsetzung im Stil seiner bisherigen Erfahrung vorziehen. Dieses bedeutet eine relativ große Unschärfe bei der Einhaltung einheitlicher formaler Vorstellungen, ΔSu ist hierbei relativ groß. Sollte dagegen ein Softwarestandard mit einem Vorrat an Standardbausteinen vorliegen, welcher die erwarteten funktionalen Erfordernisse und die formalen Vorstellungen aller Beteiligten befriedigt, so wäre ΔSs dann verhältnismäßig klein. Sollten unerwartete Funktionsänderungen, die es in jedem größeren industriellen Projekt gibt, durch das Repertoire der vorliegenden Standardbausteine abgedeckt werden, wäre die Programmierung dieser Funktionsänderung schnell und einfach durchzuführen. Wären diese, wie oben beschrieben, nicht durch den existierenden Standardfunktionsumfang abgedeckt und müssten Entwickler für neue Standardfunktionsbausteine „eingeflogen" werden, dann wäre der Aufwand sehr hoch. ΔTs wäre also relativ groß.

Das Produkt aus Unbestimmtheit der Zeitaufwandsabschätzung für die Programmierung und der Ungewißheit der Erfüllung gewisser Standardisierungsregeln hat, wie hier dargestellt wird,

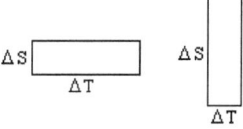

einen bestimmten Wert nicht unterschritten. Diese, gegen eine exakte Linearität zwischen Zeitaufwand und Standardisierungsqualität sprechende, empirische Ungewißheitserfahrung mit der Unbestimmtheit des Zeitaufwands ΔT und der Ungewissheit der Standardisierung ΔS kann auch durch die Formel:

$\Delta T \cdot \Delta S > :$ " Aufwands-Standardisierungs-Mindestrisiko"

beschrieben werden.

Es hat sich als guter Kompromiss erwiesen, Vorbedingungen, welche mit einfachen UND- bzw. ODER-Funktionen dargestellt werden können, außerhalb der Standardbausteine durch den Anwender anpassen zu lassen.

5.4 Historie und Begriffe

Die industriellen Computersysteme, die sowohl Steuerungsprogramme in einer von der Programmkomplexität abhängigen Zykluszeit als auch Regelprogramme in fest vorgegebenen Zykluszeiten abarbeiten, werden „SPS-Systeme" genannt. „SPS" steht für „Speicher-Programmierbare Steuerung". Diese Begriffswahl ist zunächst wenig einsichtig, da die SPS-Systeme ja neben Steuerungs- auch Regelungs- und Kommunikationsaufgaben übernehmen können. Sie kann jedoch historisch verstanden werden: In den Anfängen der industriellen Automatisierung war von „Verknüpfungs-Programmierbaren Steuerungen" die Rede. Es handelte sich um Relais-Anordnungen, bei denen mittels variabel steckbarer Verbindungen die Steuerungsrelais in verschiedenen Kombinationen verknüpft werden konnten. Somit war es möglich, auf Änderungen im Produktionsprozess zu reagieren, ohne die vorher verwendete Steuerungselektrik wegwerfen zu müssen. Die Verknüpfungs-Programmierbare Steuerung wurde durch die Speicher-Programmierbare Steuerung abgelöst, welche zunächst eine reine Steuerungseinheit war.

Bei Änderungen im Produktionsprozess konnte die Verdrahtung der Peripherie an die binären Ein- und Ausgangskanäle belassen werden, es mußten nur Programmverknüpfungen aktualisiert werden.

Im Laufe der Zeit wurde das Leistungsspektrum der SPS-Systeme erweitert, so dass heute die komplette Industrieanlagenautomatisierung in der unteren und mittleren Ebene mit Hilfe eines Sprachrepertoires von Assembler-artigen logischen Verknüpfungen über Schrittkettenprogrammierung bis hin zur Hochsprachenkodierung (z.B. C) durch die immer noch „SPS" genannten Steuerungs-Systeme durchgeführt wird. (Berger, 1996, S. 5)

Im Englischen werden die SPS-Systeme „PLCs" genannt. „PLC" steht für „Programmable Logic Controller". Dieser Begriff scheint treffender zu sein als der deutsche Term SPS. „Programmable" trifft auf jeden fall zu, „Controller" umfasst sowohl Steuerungs- als auch Regelungs- und Kommunikationsaufgaben. Lediglich der Buchstabe „L" für „Logic" impliziert eine Beschränkung auf logische, binäre Verknüpfungen, welche seit den 1980er Jahren nicht mehr zutreffend ist.

5.5 Reaktionszeiten

Im allgemeinen wird der elektronischen Datenverarbeitung eine so hohe Verarbeitungsgeschwindigkeit zugesprochen, dass die zu steuernden physikalischen und technischen Prozesse dagegen als sehr langsam erscheinen. Geschwindigkeitsprobleme können jedoch auch mit, gegenüber dem Prozess, sehr schnellen Zykluszeiten auftreten.

Manchmal kann es beispielsweise entscheidend sein, dass eintreffende Veränderungen des Prozesszustands in der tatsächlich eingegangenen Reihenfolge registriert und verarbeitet werden.
Da auftretende Fehler, wie etwa Kurzschlüsse, in der Anlage weitere Folgefehler, wie abfallende Relais usw., nach sich ziehen, ist die primäre Fehlerquelle nicht ohne weiteres sofort ersichtlich. Die Schaltzeiten für Relais liegen um 30 - 40 ms.
Wenn die Zykluszeit der Steuerung länger ist als die Zeit zum Auftreten der Folgefehler, so kann es sein, dass beim zyklischen Abarbeiten des Programms zunächst ein Folgefehler erkannt wird und die eigentliche Fehlerquelle erst an späterer Stelle in einer Verknüpfung abgefragt wird.

Die Zykluszeiten von industriellen Steuerungscomputern liegen von unter 5 ms bei wenigen Ein- und Ausgangskanälen und wenigen logischen Verknüpfungen bis über 100 ms für Steuerungen mit bis zu einigen 1000 Ein- und Ausgangskanälen oder komplexeren logischen und arithmetischen Verknüpfungen.
Die Reaktionszeit einer Steuerung ist sinnvollerweise im Bereich von 3 Rechenzyklen anzusetzen. In dieser Modellbetrachtung findet unmittelbar nach Einlesen der Eingangszustände am Zyklusbeginn eine Signaländerung statt, im zweiten Programmzyklus kann die Signaländerung registriert werden, im dritten Programmzyklus können Änderungsvergleiche beendet und Ausgänge angesteuert werden.
Um die Reihenfolge kaskadiert abfallender Relais zu erfassen, wäre daher eine Steuerung mit einer Zykluszeit von <30ms notwendig. Um eine bestimmte Reaktion vor Abfallen eines folgenden Relais auszulösen, sollte die Zykluszeit <10ms sein.

Die zeitliche Auflösung schneller Vorgänge kann neben dieser zykluszeitbedingten Erfassung in der richtigen Reihenfolge auch durch maßgeschneiderte, aufwendigere Konstruktionen erreicht werden.

5.6 Regelung

Der Begriff des Regelns ist der Alltagssprache entnommen. Eine Sache zu regeln bedeutet, sie zu klären, in Ordnung zu bringen. Im Unterschied hierzu bedeutet eine Sache zu steuern, deren gewünschten Ablauf zu kontrollieren und zu bestimmen.

Steuerung ist „... *allgemein die Einstellung, Erhaltung oder Veränderung der Zustände eines Systems durch externe Festlegung einer oder mehrerer das Verhalten des Systems bestimmender Größen ohne Rückkopplung*". (Meyers Enz. Lexikon, 1978, „Steuerung")

Regelung dagegen ist der „... *Vorgang in einem abgegrenzten System, bei dem eine oder mehrere ..Regelgrößen.. durch Vergleich ihrer jeweiligen Istwerte mit den vorgeschriebenen Sollwerten mittels vorgegebener Führungsgrößen auf diese Werte gebracht und dann auf ihnen gehalten werden*". (Meyers Enzyklopäd. Lexikon, 1977, „Regelung")

In der ingenieurtechnischen Fachliteratur findet sich z.B.: „*Das Kennzeichen einer Steuerung ist, dass die Signalübertragung nur in einer Richtung vor sich geht, und dass es sich dabei um einen offenen Wirkungsablauf handelt.*" (Pressler, 1964, S. 13)
„*Die Aufgabe der Regelung besteht darin, eine bestimmte physikalische Größe innerhalb einer Anlage konstant zu halten oder nach einem vorgeschriebenen Programm zu ändern, unabhängig von irgendwelchen Störgrößen. Dazu ist es notwendig, dass die zu regelnde Größe laufend gemessen und ihr Wert mit einem vorgegebenen Sollwert verglichen wird. .. Der Wirkungsablauf ist bei einer Regelung, im Gegensatz zum offenen Wirkungsablauf einer Steuerung, geschlossen.*" (Pressler, 1964, S. 15)

Zur weiteren Klarstellung der Begriffe „Steuerung" und „Regelung" ist es interessant, die Antwort bzw. die Rückkopplung oder das Feedback des durch Steuer- oder Regeleingriffe beeinflussten Systems zu betrachten. Man kann hier 3 Fälle unterscheiden:

1. Ohne Feedback:
   Auf Antwortsignale wird verzichtet. Man ist sich in diesem Fall sicher, dass die Art des Steuerungseingriffs unmittelbar die gewünschte Reaktion auslöst.

2. Mit Feedback, wobei das Feedback-Signal quasi unverzögert und normalerweise im vorherbestimmbaren Verhältnis dem Steuer- oder Führungssignal folgt:
Obwohl man relativ sicher ist, dass das System unmittelbar den Vorgaben folgt, werden Antwortsignale zur Überwachung verwendet.

3. Mit Feedback, wobei das Feedback-Signal hierbei auch in nicht vorherbestimmbarer Weise, durch Verzögerung oder Dämpfung oder Verstärkung, dem Steuer- oder Führungssignal folgt:
Das System folgt auch im Normalfall nicht unmittelbar den Vorgaben. Das Antwortverhalten des Systems muss daher ständig auf Abweichungen zum Sollwert hin überprüft und die Stellsignale entsprechend korrigiert werden.

Der erste Fall ohne Feedback erfüllt klar die Forderungen der Definition der Steuerung. Ebenfalls eindeutig ist die Zuordnung des dritten Falls mit mittelbarem Antwortverhalten und einer Abweichung des Istwerts vom Sollwert zum Bereich der Regelungen.

Der zweite Fall mit dem normalerweise vorherbestimmbaren Feedback-Signal ist etwas schwieriger zu beurteilen. Einerseits beinhalten die üblichen Definitionen von „Steuerung" die Abwesenheit von Rückkopplungen. Auf der anderen Seite könnte das hierbei betrachtete System mit unverzögertem und unverfälschtem Antwortverhalten auch ohne Rückkopplung gesteuert werden.
Die Entscheidung, ob hier Steuerung oder Regelung vorliegt, ist am ehesten aus der Art der Verwendung des Rückführsignals abzuleiten. Wird das Rückführsignal nur zur Störüberwachung verwendet, beispielsweise zu einer Notabschaltung bei einer Grenzwertverletzung, so handelt es sich eher um ein gesteuertes System.
Wird das Rückführsignal, und sei es nur im seltenen Sonderfall einer Grenzwertverletzung, in einem Kontrollalgorithmus verwendet, welcher die Stabilisierung des Rückführsignals innerhalb gewünschter Grenzwerte bewirken soll, so handelt es sich eher um eine Regelung.

Das praktische Erfordernis der Verwendung einer Regelung anstelle einer Steuerung liegt meist in der Verfälschung der zu regelnden Größe durch Zeitverhalten, Dämpfung oder Verstärkung. Gleicht sich das System quasi sofort und mit wiederholbarer Genauigkeit an die Steuergröße an, so lässt es sich steuern. Reagiert das System mit Verspätung und Trägheit oder in nicht wiederholgenauem Verhältnis auf die Steuergröße, so muß man es regeln.

Zur weiteren Erläuterung dieses Unterschiedes soll das Führen eines Autos betrachtet werden. Der Einfachheit halber soll die Aufgabe des Fahrers auf das Lenken reduziert werden. Eine vorher bestimmte Fahrspur kann bei gemäßigter Geschwindigkeit durch die entsprechenden Lenkbewegungen genau nachgefahren werden. Das System „Auto" gleicht sich sofort an die Steuergröße „Lenkradstellung" an.

Ein sehr erfahrener Fahrer könnte die Kurve mit einem Blick erfassen und sie dann ohne zusätzliches optisches Feedback mit geschlossenen Augen durchfahren. Dies gilt natürlich nur unter der Voraussetzung gemäßigter Geschwindigkeit und des Ausschlusses unerwarteter Wechselwirkungen mit anderen Objekten.

Da wir die Kurven meist nicht mit einem Blick erfassen und auf unvorhergesehene Ereignisse reagieren wollen, durchfahren wir die Kurven mit offenen Augen. Aber auch hier könnten wir argumentieren, dass wir mit den Augen nur den Straßenverlauf erfassen und das Auto ohne Berücksichtigung des Fahrzeugverhaltens durch die Kurve <u>steuern</u>.

Erst bei einer unerwarteten Situation könnten wir genötigt sein, nicht nur den Straßenverlauf, sondern auch das Feedback des Autos über dessen Lage und Geschwindigkeit in der Kurve zu berücksichtigen.

Deutlich in die Ausführung des Regelns kann der Fahrer des Fahrzeugs beim Durchfahren einer Kurve im Schnee geraten. Das Fahrzeug wird auf das eingeschlagene Lenkrad retardiert reagieren und fährt also zunächst zu weit geradeaus. Hat das Auto dann begonnen, sich in die Kurve zu drehen, wird es diese Drehbewegung bei Zurückstellen des Lenkrades auf „Gerade" auch retardiert beenden. Das Heck des Fahrzeugs bricht daher aus; um dem entgegenzuwirken, wird der Fahrer mit dem Lenkrad, welches nun eigentlich zur Regel-Führungsgröße wird, gegenlenken.

Das System „Auto" wird mittels der Führungsgröße „Lenkrad-Stellung" zur jeweiligen richtigen Kurvenlage hin geregelt. Das Rückkoppelsignal „Fahrzeugstellung in der Kurve" muss ständig ausgewertet werden.

Charakteristisch für diesen Regelungsprozess war eine Regeldifferenz, ein Zeitverhalten und eine Stellgröße. Die Regeldifferenz wird durch den Unterschied zwischen der Ist-Lage und der Soll-Lage des Fahrzeugs gebildet.

Das Zeitverhalten wird gekennzeichnet durch die Zeitdauer von Gegenlenken bis zur Reaktion des Zurückschwenkens des Fahrzeughecks. Weiterhin verfälschend im Sinne einer Wiederholgenauigkeit sind Griffigkeit der Reifen auf dem Schnee oder die Heftigkeit der Lenkausschläge.

Die Stellgröße ist die Lenkradstellung. Sie soll durch Lenk- und Gegenlenkbewegung der Regeldifferenz entgegenwirken und ist nach der Regeldifferenz und dem Zeitverhalten zu dosieren.

In Analogie zur alltagssprachlichen Verwendung ist beim Übergang vom Steuern zum Regeln ein Problem, nämlich die Regeldifferenz, aufgetaucht. Dieses war durch sukzessive, dem Straßenverlauf entsprechende Steuerschritte nicht mehr zu beheben. Um die Regeldifferenz feststellen zu können, ist natürlich das „Feedback", die Information über den tatsächlichen Zustand der zu regelnden Größe, notwendig.

Das Zeitverhalten, d.h. die nicht vernachlässigbare Zeit, welche das System zum Annähern des Istwerts an den Sollwert braucht, war bei der alltagssprachlichen Betrachtung des Begriffs "Regeln" zunächst nicht explizit erwähnt worden. Man könnte aber sagen, das "Regeln eines Problems" ist mit einem ungewisseren Zeitrahmen versehen als das offenbar vorher abschätzbare "Steuern einer Sache" und dieser Zeitrahmen ist neben dem Geschick des Problemlösers auch von der Art des Problems und dessen Eigenleben abhängig.

Allerdings ist die alltagssprachliche Beachtung der ingenieurtechnischen Besonderheiten von Steuern und Regeln nicht ausgeprägt. Beim Automobil mag die Verwendung des Begriffs „Steuerrad" anstelle des Begriffs Lenkrad hinnehmbar sein.

Das Lenken eines Schiffes dagegen ist nach den zuvor hergeleiteten Maßstäben kein Steuern, sondern Regeln. Der Steuermann eines Schiffes müsste daher eigentlich „Regelmann" genannt werden.

Als industrielles Beispiel der Regelungstechnik kann die Regelung eines Verbrennungsprozesses betrachtet werden: Die Automatisierungseinheit mit einem der Regelalgorithmen bildet in Verbindung mit dem zu regelnden Teilprozess einen Regelkreis. Die Daten über die Rauchgasbelastung werden am Kamin durch physikalische Messfühler aufgenommen, durch die Signalgeber in Spannungssignale (z.B. 0-10 V für 0-100 mg Schadstoff pro Kubikmeter Rauchgas) oder Stromsignale (4-20 mA für 0-100 mg/m^3) umgewandelt und den analogen Eingangskanälen zugeführt.

Die Informationen werden in einem Regelprogramm verarbeitet und das Ausgangssignal wirkt auf die Stellglieder oder Stellmotoren, die die Menge des Brennstoffs im Ofen bestimmen. Nach Ablauf der Verbrennung und Wanderung des Abgases bis zur Mess-Stelle wird der Regelkreis ein neues Mal durchlaufen.

Reaktionen des Regelprogramms auf mögliche Schwankungen des Prozesses kommen also zu spät im Hinblick auf die konkrete Ursache, da schon die Messung der zu regelnden Größe nach dem Steuereingriff erfolgt. Die Abweichung des zu regelnden Prozesswertes von dem einzuhaltenden Sollwert ist eine Folge von Störeinflüssen und Inhomogenitäten.

Der korrigierende Eingriff, der aus der Regeldifferenz (=Sollwert minus Istwert, wobei Istwert =Prozessresultat) errechnet wird, kann, da er um die Prozesslaufzeit plus die Aktionszeit der Regeleinrichtung verzögert auf eine konkrete Ursache reagiert, durchaus auch negative Auswirkungen haben.
Dies könnte beispielsweise im Falle oszillierender Störgrößen auftreten. Der retardierte Regeleingriff kann zu einer Verstärkung des oszillierenden Störsignals resultieren; derartige Resonanzfälle können auch zu Systemzerstörungen führen.

Die Reaktion des Regelsystems wird normalerweise mit einem PID-Regler gebildet. „PID" steht für „Proportional-Integral-Differential". Der Proportionalitätsanteil des Regeleingriffs ist die Regeldifferenz mal einem Proportionalitätsfaktor und soll direkt der Regeldifferenz entgegenwirken. Der Integralanteil ist die integrierte, d.h. über n Rechenzyklen summierte Regeldifferenz mal einem Proportionalitätsfaktor und soll Langzeitabweichungen entgegenwirken. Der Differentialanteil ist die 1.Ableitung der Regeldifferenz nach der Zeit mal einem Proportionalitätsfaktor und soll schnelle Reaktionen auf Änderungen ermöglichen. Die Summe von Proportional-, des Integral- und Differentialanteil ergibt den Regeleingriff, die sogenannte Stellgröße.

Im allgemeinen muss die Feinabstimmung der Regelparameter durch Beobachten des Prozessverhaltens optimiert werden. Der kontinuierlich arbeitende Regelkreis soll stabil sein, d.h. nur minimal um die Sollwerte schwanken und keinesfalls in Schwingungen mit immer größeren Amplituden geraten. Die Wahl der Regelparameter erfolgt nach dem in der Beobachtungs- und Optimierungsphase beobachteten Zeit- und Schwingungsverhalten des zu regelnden Systems. Ungewöhnliche, u.U. erst später auftretende, Störgrößen können dennoch zu Schwingungsverstärkungen im Sinne des oben beschriebenen Resonanzfalls führen.
Das Versagen eines Reglers, d.h. das Überschreiten der maximal erlaubten Regeldifferenz, ist also prinzipiell nicht auszuschließen! Sicherheitskritische Umgebungen erfordern daher zur Absicherung von Regelungsprozessen zusätzliche steuerungstechnische, auch sicherheitsgerichtete, Maßnahmen zur Überwachung von Grenzwerten. Dies könnten Abschaltungen von Prozessteilen bei bestimmten Grenzwertverletzungen sein.

Das Zeitverhalten des physikalischen Prozesses ist in der Regel durch die Verfahrensparameter innerhalb bestimmter Grenzen festgelegt. Das Zeitverhalten des Regelungscomputers muss, um die Reproduzierbarkeit des Integrations- und des Differentialanteils zu gewährleisten, durch konstante Zykluszeit gekennzeichnet sein. Wenn, wie bei den klassischen Steuerungscomputern, die Zykluszeit von der Programmgröße und der Anzahl der Aktionen (wie z.B. Sprungfunktionen, Schleifen) in anderen Programmteilen abhängen würde, wäre ein definiertes Zeitverhalten des Regelkreises nicht realisierbar.

5.7 Sicherheit und Verfügbarkeit

Der Begriff „Sicherheit" wird in vielfältiger Weise unscharf benutzt. Man wähnt sich in Sicherheit, wenn man sich während des Gewitters in einem Haus mit Blitzableiter befindet oder angesichts einer Grippewelle schon geimpft worden ist. Man bekommt gelegentlich in Werbesendungen mitgeteilt, man könne sich sicher fühlen, wenn man ein bestimmtes Produkt erwerbe. Das Bedürfnis nach Sicherheit ist offenbar nach Erreichen eines gewissen Wohlstands besonders hoch und wird von den Werbestrategen dankbar aufgenommen. Doch was ist Sicherheit?

Eine Definition lautet (Meyers Enzyklop.Lexikon, 1977, „Sicherheit"): *„Sicherheit ist ein Zustand des Unbedrohtseins, der sich objektiv im Vorhandensein von Schutz(-Einrichtungen) bzw. im Fehlen von Gefahr darstellt und subjektiv als Gewissheit von Individuen oder sozialen Gebilden über die Zuverlässigkeit von Sicherungs- und Schutzeinrichtungen empfunden wird."*

Da jede physikalische messbare Funktion und jede Existenz durch interne und externe Gefahren potentiell bedroht ist, dürfte der Begriff Sicherheit bei strenger Verwendung immer nur in Verbindung mit dem jeweils betrachteten Gefährdungspotential verwendet werden, wie "Sicherheit vor Blitzschlag". Generelle Sicherheit gegenüber der Gesamtheit aller potentiellen Gefahren, denen komplexere Funktionen oder Lebewesen ausgesetzt sind, ist praktisch nicht realisierbar. Das Gefährdungspotential nimmt zu, je umfassender der Bereich ist, für den die Funktionssicherheit gelten soll.

Der TÜV zitiert bei der Definition von Sicherheit die DIN VDE 31000 (TÜV-Akademie, 1992, „Grundlegende Begriffe", S. 3ff): *„Sicherheit ist eine Sachlage, bei der das Risiko nicht größer als das Grenzrisiko ist"* (ebenso, S. 17 v.30). *„Gefahr ist eine Sachlage, bei der das Risiko größer als das Grenzrisiko ist." „Grenzrisiko ist das größte noch vertretbare Risiko eines bestimmten technischen Vorgangs oder Zustands. Im allgemeinen läßt sich das Grenzrisiko nicht quantitativ erfassen. Es wird in der Regel indirekt durch sicherheitstechnische Festlegungen beschrieben"* (ebenso, S. 9 v.30).

Verfügbarkeit lässt sich durch die Übersetzungen der englischen Begriffe „available" und „availability" als *Vorhandensein* oder *Verwendbarkeit* oder *Nutzbarkeit* (De Vries, 1967, S. 59) ausdrücken und ist somit über das *Vorhandensein von Schutzeinrichtungen* schon im wörtlichen Sinne in der Definition der Sicherheit enthalten. Der TÜV schreibt hierzu (TÜV-Akademie, 1992, „Grundlegende Begriffe", S. 24 v. 30): *„Verfügbarkeit (availability): Der Zeitanteil, in dem das System tatsächlich in der Lage ist, seine Aufgaben zu erfüllen"* (DIN IEC 65A, Teil 1/06.87).

Für die Gewährleistung von Sicherheit und Verfügbarkeit werden mehrfach vorhandene Funktionseinheiten „redundant" eingesetzt. Diese redundanten Funktionseinheiten sollen, auch bei Diversität, d.h. auch bei verschiedenartiger Ausführung, im Vergleich zueinander die selbe Funktionalität zur Verfügung stellen.

Redundanz (redundantia = lat. Überfülle) ist *„in der Informationstheorie und in der Nachrichtentechnik bezeichnend für das Vorhandensein von .... Informationselementen, die eigentlich überflüssig sind, d.h. keine zusätzliche Information enthalten, die beabsichtigte Information jedoch u.U. stützen."* Sie ist auch *„bezeichnend für den Teil des Material- oder Betriebsaufwands für ein technisches System, der primär für ein ordnungsgemäßes Funktionieren nicht erforderlich ist. Erhöht er auch die Zuverlässigkeit nicht, so spricht man von leerer Redundanz, andernfalls von nützlicher Redundanz."* (Meyers Enzyklop.Lexikon, 1977, „Redundanz")

Fragt man den Betreiber einer technischen Anlage: „Wollen Sie erhöhte Verfügbarkeit oder erhöhte Sicherheit?", so wird die Antwort vermutlich lauten": „Ich möchte höhere Sicherheit und damit höhere Verfügbarkeit". Gemeint sein dürfte hier intuitiv sowohl die Sicherheit vor Unfällen als auch die Sicherheit vor Ausfällen. Da für den Betreiber ein Unfall mittelbar durch die Rettungsmaßnahmen u.ä. auch einen Produktionsausfall bedeutet, unterscheidet er oft nicht zwischen Unfall- und Ausfallsicherheit und wird von Betriebssicherheit sprechen.

Der Begriff der Sicherheit wird also oft in unscharfer Weise so verwendet, dass er neben Sicherheit im engeren Sinn (d.h. Ausschluss von Unfällen) auch Verfügungssicherheit (d.h. Ausschluss von Ausfällen) umfasst. Hierbei wird häufig übersehen, dass die Sicherheit vor Unfällen oft das verlangen würde, was die Sicherheit vor Ausfällen verhindern soll, nämlich die Abschaltung bestimmter Einrichtungen im Falle gefährlicher Betriebszustände, und somit mit der pauschalen Forderung nach Betriebssicherheit bei möglichst umfassender Betrachtung ein Bündel sich oft widersprechender Maßnahmen verlangt wird.

Als Beispiel soll zunächst die Bremsanlage eines Automobils betrachtet werden. Dieses verfügt über eine gewisse Bremssicherheit, wenn die Bremsen der Vorderräder verfügbar sind. Es hat eine größere Bremssicherheit, wenn zusätzlich die Bremsen der Hinterräder verfügbar sind. Man stelle sich nun ein modernes Automobil vor mit elektronischer Abfrage der Verfügbarkeit der Bremsen an Vorder- und Hinterrädern. In einem hypothetischen Fall soll die elektronische Zündfreigabe zum Motor nur durchgeschaltet werden, wenn alle Bremssysteme verfügbar sind, im anderen Fall soll der Motor nur starten dürfen, wenn das Vorderrad- oder das Hinterradbremssystem verfügbar ist.

Die Verfügbarkeit des Autos ist größer, wenn die Verfügbarkeit des einen ODER des anderen Bremssystems vorausgesetzt wird. Die Sicherheit des Autos ist größer, wenn die Verfügbarkeit des einen UND des anderen Bremssystems verlangt wird.
Die Sicherheit des Lebens des Fahrzeughalters kann aber in weiterer Folge von der Verfügbarkeit des Autos abhängen, welches den Kranken oder Verletzten zu einem Arzt befördern kann. Die Verfügbarkeit an Ärzten eines Landes hängt unter anderem von der Sicherheit ihrer Autos ab.
Sicherheit und Verfügbarkeit scheinen in komplizierter Beziehung zueinander zu stehen und teilweise kontradiktorische Maßnahmen zu erfordern. Wie ist das möglich?

Die Sicherheit gegenüber X setzt voraus, dass X negative Folgen hat, und impliziert, dass man diese verhindern kann. Die Verfügbarkeit von X setzt voraus, dass X positive Folgen hat, und impliziert, dass man diese nutzen kann.

Eine klassische Anwendung einer sicherheitsgerichteten Schaltung ist die Abschaltsicherheit der Brennersteuerung (TÜV-Akademie, 1992, „Triconex", S. 46): Wenn die Brennerflamme erlischt, muss unter allen Umständen die Eindüsung des Brennstoffes gestoppt werden, da sonst kritische Mengen unverbrannten Brennstoffs in den Brennraum gelangen, die bei Wiedereinsetzen der Zündung zur Explosion führen können.
Bei Vorhandensein mehrerer Flammendetektoren sind diese zur Unterstützung der Abschaltsicherheit seriell auszuwerten, eine Konjunktion aller „Flamme nicht erloschen"-Aussagen bzw. eine Konjunktion aller „Flamme brennt"-Aussagen soll ein „sicheres" Kriterium für die Kraftstoff-Eindüsung ergeben.

Würde man hingegen in besonderen Kälteumgebungen, beispielsweise in polaren Regionen, sicherstellen wollen, dass der Brenner weiterläuft, auch wenn ein Flammendetektor defekt ausfällt, so wäre eine Abfrage redundanter Flammendetektoren in Disjunktion, d.h. in paralleler Schaltung, verfügbarkeitserhöhend und für diese Sondersituation zielführend.

Möchte man eine redundante Information „sicher" abfragen, d.h. nur berücksichtigen, wenn diese zweifelsfrei feststeht, würde man diese seriell, in Konjunktion, auswerten. Möchte man eine redundante Information „auf jeden Fall" abfragen, d.h berücksichtigen, wenn diese verfügbar ist, dann würde man diese parallel, in Disjunktion, auswerten.

Versuchen wir, dies logisch wiederzugeben*: Der fragliche technische Prozess T (Eindüsung des Brennstoffes) hat positive Folgen, sofern die Brennerflamme auch brennt (B), negative Folgen dagegen, sofern die Brennerflamme nicht brennt. (Dies gilt, wenn die Brenner bereits laufen. Das Starten des Brenners mit Start-Zeitfenster „Brennstoff ohne Flamme" sowie dem Zündfunken zum erstmaligen Zünden der Flamme soll hier der Einfachheit halber nicht betrachtet werden. Ebenso soll eine hinreichend niedrige Außentemperatur als weitere Freigabebedingung vereinfachenderweise angenommen werden.) Da T die direkt steuerbare Variable ist, B jedoch nur messbare Variable, aber nicht direkt steuerbar ist, soll das technische Regelwerk der Heizung also folgende Eigenschaften erfüllen:

(V)   B -> T   (V für Verfügbarkeit)
      d.h. wenn B an ist, soll T stattfinden, um die positiven Folgen zu erzielen.

(S)   ¬B -> ¬T   (S für Sicherheit)
      d.h. wenn B aus ist, soll T nicht stattfinden bzw. abgeschaltet werden.

Die Variable B muss nun gemessen werden, und hierbei gibt es mögliche Messfehler. Es seien nun zwei unabhängige Signalgeber S1 und S2 für die Variable B angenommen.
Prob(X/Y) steht für "Wahrscheinlichkeit von X bei gegebenem Y". Weiterhin sei:

   Prob(B/S1) = hoch   Prob(B/S2) = hoch
   Prob(¬B/¬S1) = hoch   Prob(¬B/¬S2) = hoch

Es gibt ein aus der Wahrscheinlichkeitstheorie bekanntes Theorem über die Wahrscheinlichkeitserhöhung unabhängiger Evidenzen. Danach steigt die Wahrscheinlichkeit von B, wenn S1 und S2 unabhängige Indikatoren für B sind, weiter stark an, bzw. der Irrtumsfehler wird reduziert (s. z.B. Bovens und Hartmann, 2006, Kap. 4.2). Es gilt somit:

   Prob(B/(S1 ∧ S2)) = sehr hoch   (Irrtumswahrscheinlichkeit
                                        für B reduziert)
   Prob(¬B/(¬S1 ∧ ¬S2)) = sehr hoch   (Irrtumswahrscheinlichkeit
                                        für ¬B reduziert)

(*Für die folgende Überlegung danke ich H. Prof. Dr. Schurz für wertvolle Hilfestellung.)

Will man hohe Sicherheit vor einem Unfall, so will man die Irrtumswahrscheinlichkeit für B, also dem Einschalten der Anlage, herabsetzen, und sollte somit die Konjunktion bzw. serielle Anordnung beider Signale S1 und S2 als Einschaltbedingung T wählen, d.h. man sollte folgende Regelung installieren:
(A) T <-> (S1 $\wedge$ S2) (A für hohe Abschaltsicherheit)

Will man dagegen hohe Sicherheit vor einem fälschlichen Ausfall der Anlage (möglicherweise im sibirischen Winter), so will man die Irrtumswahrscheinlichkeit für $\neg$ B, also dem Abschalten der Anlage, herabsetzen, und sollte somit die Konjunktion der beiden negierten Signale $\neg$ S1 und $\neg$ S2 als Abschaltbedingung wählen:

(E) $\neg$ T <-> ($\neg$ S1 $\wedge$ $\neg$ S2) (E für hohe Einschaltsicherheit)

Nun kommt die De Morgan-Regel ins Spiel. Die Bedingung (E) lässt sich nämlich wie folgt äquivalent umformen:
$\neg$ T <-> ($\neg$ S1 $\wedge$ $\neg$ S2)
<==> $\neg$ T <-> $\neg$ (S1 $\vee$ S2) (de Morgan)
<==> T <-> (S1 $\vee$ S2)

Wir erhalten somit als Bedingung für Einschaltsicherheit die Oder-Verknüpfung bzw. parallele Verknüpfung der beiden Signale:
(E) T <-> (S1 $\vee$ S2) (E für hohe Einschaltsicherheit)

5.8 Sicherheitsgerichtete Steuerungssysteme

Sicherheitsgerichtete Automatisierungstechnik findet hauptsächlich in der prozessnahen Ebene statt, da hier aufgrund der beschränkten Anzahl von wechselwirkenden Partnern die Struktur der logischen Verknüpfungen relativ klar vorgegeben ist.
Fehler in der mittleren Prozessebene des Bedienens und Beobachtens, der arithmetischen und regelungstechnischen Berechnungen, sollten durch geeignete Hard- und Softwarestrukturen so abgefangen werden, dass bei deren Auftreten zwar Qualität und Produktionsergebnis leiden, Schäden an Personen oder an der Installation jedoch ausgeschlossen sind. Nur bei besonders kritischen Anwendungen, wie etwa Temperatur- oder Druckregelungen in Kraftwerken, sind sicherheitsgerichtete Maßnahmen, sei es durch zusätzliche, redundante binäre Grenzwertschalter oder durch redundante Regeleinrichtungen, auch oberhalb der Ebene der einfachen binären Verknüpfungen vorgesehen.
Fehlerhafte Datenverarbeitung in der oberen Ebene führt zu nicht optimaler betriebswirtschaftlicher Koordination, zu erhöhtem Grundstoffverbrauch, zu Zusammenbrüchen der Logistik und damit unter Umständen sogar zum Produktionsausfall. Da dies aber weder Gesundheitsgefährdungen noch Beschädigungen an den Produktionseinrichtungen verursacht, sind Sicherheitstechnik oder sicherheitsgerichtete Selbstkontrollsysteme auf dieser Ebene normalerweise nicht üblich.

5.8.1 Funktionsprinzipien „Sicherheitsgerichteter Steuerungssysteme"

Ein Sicherheitsgerichtetes Steuerungssystem soll ein System sein, welches sich selbst auf richtige, fehlerfreie Funktionalität kontrolliert, im Fehlerfall diesen Fehler meldet und den verbundenen und zu kontrollierenden Prozess beendet oder in einen unkritischen Zustand führt.

Die technische Schwierigkeit, ein solches System umzusetzen, dürfte darin liegen, einen zuverlässigen Selbstkontrollalgorithmus aufzubauen, dessen Zuverlässigkeit nicht selbst wieder Gegenstand des Zweifels wird und nach einer Kontrolle des Selbstkontrollmechanismus verlangt.
Dies könnte durch den automatischen Vergleich zweier parallel arbeitender Systeme geschehen, welche die identischen Programme durchlaufen. Bei unterschiedlichen Ergebnissen, d.h. unterschiedlichen Signalmustern an den Ausgangskanälen, würde das System eine Störung registrieren und sich abschalten.
Die Zuverlässigkeit des Abschaltens eines derart vergleichenden Systems würde nur noch von der Zuverlässigkeit der Vergleichsfunktion selbst abhängen. Letz-

tere könnte durch relativ einfache und damit relativ sichere elektrische Schaltungen realisiert werden und wäre so unabhängig von Software-Algorithmen.

Das vergleichende System zweier identischer Teilsysteme hat zwei grundsätzliche Nachteile:

1) Der bloße Vergleich gibt keine Information darüber, welches System richtig und welches falsch arbeitet. Dies ist bei der Notwendigkeit der Funktionssicherheit ein entscheidender Mangel. Das Feststellen der Ungleichheit ohne zusätzliche Fehlerinformationen ermöglicht nicht das Aufrechterhalten der Tätigkeit des richtig arbeitenden Systems und das gezielte Abschalten des fehlerhaften Teils, sondern nur das Abschalten der gesamten, dem Vergleich unterworfenen Einrichtung. Dadurch entfällt im Zweifelsfall die Verfügbarkeit von möglicherweise notwendigen Funktionen.

Unter der Notwendigkeit der Systemverfügbarkeit könnte bei Feststellen der Ungleichheit ein Alarm gemeldet werden und durch Parallelschaltung der Ausgänge der Prozess weiter gesteuert werden. Dies wäre ohne Abschaltung des defekten Teilsystems aber sehr riskant, denn das falsch arbeitende System kann Ausgänge fälschlicherweise ansteuern und Aggregate situationswidrig einschalten. Daher wird das reine vergleichende Doppelsystem nur für das Abschalten bei der Erkennung von Ungleichheit verwendet.

2) Der Vergleich der augenblicklichen Systemzustände gibt keine Information über die Zuverlässigkeit der Bearbeitung aller potentiellen Systemzustände. Sollte ein Schaltelement im üblicherweise vorherrschenden Betriebszustand festsitzen, also nur bei selten vorkommenden Schaltvorgängen nicht funktionieren, so wird diese Störung unter Umständen erst in einer kritischen Situation auffallen, in welcher erst recht zuverlässige Schaltfunktionen erforderlich wären. Dies nennt man auch einen „passiven" Fehler (TÜV-Akademie, 1992, „Grundlegende Begriffe", S. 15 bzw. "HIMA", S. 4).
In manchen petrochemischen Anlagen beispielsweise werden bestimmte Schaltzustände über Monate oder Jahre beibehalten, und erst zum „Wartungs-ShutDown" nach etwa 5 Jahren stellt man eventuell fest, dass bestimmte Schaltungen „festgebacken" sind, bestimmte Module sich durch das Automatisierungssystem gar nicht mehr direkt ausschalten lassen und nur noch durch gruppenübergreifende Spannungsabschaltungen zum Stillstand gebracht werden können.

Eine Lösungsalternative zur Vermeidung dieser Nachteile können zusätzliche systeminterne Überwachungsprozeduren zum Feststellen der „Gesundheit" eines Teilsystems sein. Hierzu gehören beispielsweise Zykluszeitüberwachungen („Watchdog") oder „zyklische Testschaltungen". Bei letzteren werden Testschaltungen im <1ms-Bereich durchgeführt. Sie prüfen so die möglichen Schaltzustände des Systems. Wegen der kurzen Dauer im Bereich von <1ms bleiben diese Zustände im Anlagenverhalten unbemerkt; die Systemzykluszeiten und die Reaktionszeiten der Ausgangsmodule liegen im ms-Bereich. Jeder Fehler eines Teilsystems sollte durch diese Testprozeduren des Teilsystems erkannt werden. Ein Vergleich mit einem Parallelsystem wäre in diesem Fall zur Fehlererkennung nicht mehr zwingend notwendig.

Die systeminternen Überwachungsmethoden werden auch unter dem Begriff „Selbstüberwachung" zusammengefasst; man spricht dann von „Selbstüberwachungssystemen". Die Angemessenheit dieser Begriffswahl wird in 6.2.7 genauer diskutiert.

Bei Vorliegen zweier parallel arbeitender Teilsysteme, welche die identischen Programme durchlaufen, könnte bei zuverlässiger Selbstüberwachung der Teilsysteme das zweite System auch zur Gewährleistung einer erhöhten Verfügbarkeit verwendet werden. Bei Identifikation der Störung eines Teilsystems könnte dieses abgeschaltet werden, das redundante System erhält den Betrieb aufrecht. Die Vergleichsfunktion dient dann zur Alarmierung.
Dieser Betriebszustand ist entsprechend den gesetzlichen Bestimmungen und in Abhängigkeit von der Gefahrenklasse der Produktionsanlage für einen bestimmten Zeitraum zulässig (TÜV-Akademie, 1992, "HIMA", S. 4).
Sollte die Selbstüberwachungsfunktionalität der Teilsysteme keinen Fehler feststellen und die Vergleichsfunktion trotzdem ansprechen, d.h. Ungleichheit der Muster der Ausgangssignale erkennen, dann müsste ein Abschalten der Gesamtanlage folgen. In diesem Fall wäre die Selbstüberwachungsfunktionalität lückenhaft gewesen und müsste noch einmal grundsätzlich überprüft werden.

Eine Möglichkeit zur weiteren Erhöhung der Verfügbarkeit bei gleichzeitiger Robustheit des vergleichenden Systems und ohne die Notwendigkeit der Anwendung komplizierter Selbstüberwachungsprozeduren ist die sogenannte 2-aus-3-Auswahl.
Bei dieser werden die Muster der Ausgangssignale von drei Systemen verglichen, welche bezüglich ihres logischen Aufbaus, der Verbindung der Prozess-Eingänge und -Ausgänge sowie der Programmstrukturen identisch sind. Der Einbau von Bauteilen verschiedener Hersteller kann hingegen absichtlich erfolgen, um über diese „Diversität" Serienfehler bei der Bauteilfertigung durch den bloßen Vergleich erkennen zu können. Falls beim Vergleich der Ausgangsmuster Unterschiede erkannt werden, wird festgestellt, welches Teilsystem von den beiden anderen abweicht und abgeschaltet werden muss.

Dies kann natürlich auch noch mit systeminternen Überwachungsprozeduren, wie den zyklischen Testschaltungen, kombiniert werden, womit dann auch die Funktionalität des Auswahlmechanismus überprüft werden könnte. Nach dem Abschalten eines als defekt erkannten Teilsystems hätten die beiden übrigen Teilsysteme immer noch die Sicherheit des einfachen Vergleichs und gegebenenfalls die der internen Überwachungsroutinen.

Die Eigenüberwachungsfunktionalität mit Testschaltung und die Redundanzfunktionalität sind in der Regel im Betriebssystem integriert und müssen im Anwenderprogramm nicht mehr in Funktion gesetzt werden.

Bei älteren Anlagen, die bis in die 80er Jahre gebaut worden sind, wurden vergleichende Doppelrechnersysteme eingesetzt. Die Test- und Redundanzfunktionalität war noch nicht im Betriebssystem der Maschinen integriert, sondern mußte in Anwenderprogrammen zusammen mit den weiteren verfahrenstechnischen Verknüpfungen und Verriegelungen in Betrieb genommen werden.

5.8.2 Lehrreiches Beispiel eines unvorteilhaften Redundanzkonzepts

1992 wurden vom Verfasser im Rahmen einer Studie die Möglichkeiten für die Modernisierung der Automatisierung der Rohölaufbereitung einer Raffinerieanlage am Rande Deutschlands untersucht.

Die Anlage war 1984 in Betrieb genommen worden. Programmänderungen seitens des Betreibers hatten immer wieder zu Alarmmeldungen und Systemausfällen geführt, da die Vergleichs- und Überwachungsfunktionen nicht in der logisch richtigen Weise mit den gewünschten verfahrenstechnischen Programmänderungen abgestimmt worden waren.

Die Doppelrechner-Vergleichsfunktionen waren nicht unabhängig vom speziellen Raffinerie-Anwenderprogramm, sondern in diesem integriert. Änderungen des verfahrenstechnischen Anwenderprogramms erforderten so meist eine Anpassung des Überwachungs-Anwenderprogramms.

Die Verknüpfung des Programms der Doppelrechnerfunktionalität mit dem verfahrenstechnischen Programm war nur unzureichend dokumentiert. Der Verfasser und Architekt dieses Entwurfs war nicht mehr verfügbar.

Um weitere kostspielige Ausfälle zu vermeiden, wurden, nach einigen frustrierenden Erfahrungen, in der Folgezeit Programmänderungen meist nur noch durch vor- oder nachgeschaltete logische Hardware-Elemente realisiert, die ursprünglich installierte Automatisierungsanlage lief seitdem einige Jahre als „Black-Box".

5.9 Programmierer

Eng verbunden mit der Qualität einer Automatisierungslösung ist die Leistung des Programmierers. Dieser hat bei der Programmerstellung oft nur bedingte schöpferische Freiheiten bezüglich der Erstellung seiner Algorithmen und Programmstrukturen und ist häufig an die im Lasten- und Pflichtenheft vorgegebenen Randbedingungen gebunden. Tauchen jedoch in der Inbetriebnahme- und der darauffolgenden Optimierungsphase die zahlreichen, vorher nicht erwarteten und daher auch noch keinem Algorithmus zugeordneten Detailprobleme auf, wird oft, angesichts kurzfristig drohender oder schon eingetretener Verzögerungen, Stillstände oder Beschädigungen, der Ruf nach einer raschen Lösung und damit nach der Phantasie des Programmierers laut.

Hierbei sollte man sich jedoch vergegenwärtigen, dass derjenige, der durch das Vornehmen von Veränderungen an logischen und arithmetischen Verknüpfungen einen automatisierten Prozess aus einem gestörten Zustand bringen soll, in der Regel Spezialist für die eingesetzten Datenverarbeitungssysteme ist und nicht für die Theorie des zu steuernden oder zu regelnden Prozesses. Er wird meist in heuristischer Weise mit Vermutungen, Analogien, Generalisierungen und Arbeitshypothesen bei der Lösung seines Problems vorgehen. Diese Beobachtung wird auch von Joseph Weizenbaum in ähnlicher Weise beschrieben (Weizenbaum, 1975, S. 153):

„Die Zusammenstellung physikalischer Formeln kann einem bequemen Schüler die Lösung vieler Schulaufgaben der Physik ermöglichen, ohne ihm gleichzeitig zu einem Verständnis von Physik zu verhelfen, zu einer Theorie , über die er nachdenken könnte. Das sagt jedoch über die Beherrschung einer Theorie durch einen Programmierer oder einen Computer oder über ein Verständnis irgendeines Sachverhalts von beiden nicht mehr aus, als wie eine Reihe von "Fakten" anzuwenden ist, um zu bestimmten Schlussfolgerungen zu gelangen. Die erfolgreiche Problemlösung eines Computers wird oft als Beweis dafür angesehen, dass dieser oder der Programmierer ein Verständnis vom Vorgang des Problemlösens hätten. Ein solcher Schluss ist nicht nur unnötig, sondern in den meisten Fällen auch völlig irrig."

Zur Illustration sei folgende Begebenheit erwähnt: An einer Anlage zur Materialfluss-Steuerung wurden Daten von mobilen Datenträgern über ein Infrarotübertragungssystem von sogenannten Lesestellen an die Steuerungssysteme übertragen und an den Leitrechner weitergeleitet. Angesichts gelegentlicher Ausfälle bei der Datenerfassung erinnerte man sich, dass ein ähnliches, jedoch manuell bedientes System manchmal erst beim zweimaligen Betätigen des Schalters zum Aktivieren der Übertragung funktionierte.

Dieser manuelle "Algorithmus" eines zweimaligen halbsekündigen Sendeimpulses wurde daraufhin auf das automatische System übertragen und nach kurzer erfolgreicher Testphase beibehalten, ohne sich im geringsten in die Theorie von Infrarotübertragungssystemen zu vertiefen.
Weizenbaums passender Kommentar hierzu lautet: *„Der zwanghafte Programmierer begegnet den meisten Anzeichen von Schwierigkeiten mit immer neuen Programmiertricks und weigert sich, genau wie der Spieler, sich statt dessen relevante Theoriekerne anzueignen."* (Weizenbaum, 1975, S. 172)

Ähnlich wie der Spieler, der jedes außerplanmäßige Ereignis zu einer Erweiterung seiner "Spieltheorie", i.e. seines Spielaberglaubens verwendet, so verwandele auch der ohne Hintergrundtheorie arbeitende Programmierer jede Störung in einen Spezialfall, welchen er durch schnell entwickelte Unterprogramme in den Griff zu bekommen versucht.

Ist die aufgrund der ignorierten Theorie entstandene Anzahl der Fehlermöglichkeiten identisch der Anzahl der beobachteten Störungen und somit identisch der Anzahl der dagegen entwickelten Unterprogramme, so ist die heuristische Methode des "zwanghaften Programmierers" vom Ergebnis vordergründig gleichwertig einem auf der Theorie basierenden Algorithmus. Je stärker allerdings die Anzahl der theoretischen Fehlerfälle die Anzahl der beobachteten und heuristisch verarbeiteten Störungen übersteigt, desto mehr Gefahrenpotential birgt diese Methode.

Als zweite Illustration sei hierzu ein Beispiel genannt, in welchem die heuristische Methode zu keiner Lösung geführt hat: Bei dem betrachteten Anlagenteil handelte es sich um einen zweistöckigen Karosseriespeicher, welcher auf der Einlager- und auf der Auslagerseite jeweils eine Hubvorrichtung hat und in jeder seiner zwei Ebenen eine Querverschiebebrücke, welche zu den Speicherplätzen fahren kann. Hubvorrichtung, Verschiebebrücke und Speicherplätze haben in horizontaler x-Richtung ausgerichtete Schienen, auf welchen sich die Karosserien bewegen; die Bewegungsrichtung der Querverschiebebrücke ist die horizontale y-Richtung.
Die Querverschiebebrücke muss auf ca. 1mm genau in der Spur der Schiene des jeweiligen Speicherplatzes positionieren, um problemlos Karosserien in einen Speicherplatz hinein- oder aus dem Speicherplatz herausfahren zu können. Um den nachfolgenden Prozess möglichst wenig aufzuhalten, hat der Auslagerbefehl in jedem Stockwerk des Speichers Vorrang vor dem Einlagerbefehl.

Etwa ein- bis zweimal im Monat blieb die Querverschiebebrücke mit der Fehlermeldung stehen, innerhalb der erwarteten Zeit habe sie nicht ihre bestimmte y-Position erreicht (timeout). Nach mehrmaligen "heuristischen Verbesserungsversuchen" an dem Positioniersystem und sukzessiven Erweiterungen des betrachteten Problemfeldes konnte erst nach mehreren Monaten und dem Hineintauchen in die Theorie des gesamten Ablaufs die wirkliche Lösung des Problems gefunden werden:

Mit Anwesenheit auf der Hubvorrichtung auf Einlagerseite wurde die entsprechende Karosserie dem Leitrechner schon als im Speicher befindlich angezeigt. Wenn nun zufällig diese Karosserie und keine der zuvor im Speicher befindlichen in den weiteren Fertigungsprozess gepasst hat, wurde für diese einige Leitrechnerzyklen später der Auslagerbefehl gegeben.

Die Querverschiebebrücke des einen Stockwerks bekam den Einlager- und gleich darauf den Auslagerbefehl. Da der Auslagerbefehl Vorrang vor dem Einlagerbefehl hatte, und das eine Stockwerk offenbar mit einem Auslagervorgang beschäftigt war, wurde die Karosserie in dem anderen Stockwerk eingelagert. Der Auslagerbefehl in dem einen Stockwerk stand nun so lange an, bis die Zeitüberwachung ansprach.

Darüber hinaus war die Programmierung der Fehlermeldung "Zeitüberlauf Positionierung" relativ schlampig ausgeführt worden, da diese Fehlermeldung einfach ausgegeben wurde, wenn die Position des Querverschiebewagens innerhalb einer bestimmten Zeit nicht mit der Position der ein- bzw. auszulagernden Karosse übereinstimmte.

Die Theorie des Förderalgorithmus war nicht detailliert genug dokumentiert und der Ersteller der Originalprogramme war nicht verfügbar. Erst durch das Befassen mit der Theorie nach dem Scheitern heuristischer Verbesserungsversuche konnte die Problematik erfasst werden, was jedoch in vielen Fällen durch die sicherheitstechnische Brisanz der Prozesse nicht möglich ist. Man könnte hierbei fragen, warum im Fehlerfall in der Regel zuerst der Programmierer und nicht der Stratege oder der Verfahrenstechniker mit der Aufgabe der Fehlerbereinigung konfrontiert wird. Dies erklärt sich zum Teil daraus, dass bei der Errichtung einer automatischen Fabrik zuerst die statischen Konstruktionen, die Versorgungs- und Verarbeitungselemente und die verfahrenstechnische Konstruktion, danach die Computer mit ihrer Signalperipherie und zum Schluss die Programme implementiert werden, die dem System Leben einhauchen sollen.

Von dem Inbetriebnehmer der Programme wird, als Beteiligter mit einem großen Anteil an den Arbeitsaktivitäten bei der Inbetriebsetzung der Prozessfunktionen, seitens der bei einem Anlagen-Startup Anwesenden erwartet, auftretende Fehlfunktionen erkennen und erklären zu können. Er ist schließlich derjenige, der das „Auge" zum Prozess ist und die zu steuernden Verknüpfungen beherrschen sollte!

Zum Beseitigen von Fehlfunktionen ist es für den Programmierer ohne prozesstechnisches Spezialwissen oft hilfreich, durch Variationen an seinem Programm das Problem einzugrenzen und damit die Problemursache einem Programmierfehler oder einem Fehler in den verfahrenstechnischen Rahmenbedingungen zuschreiben zu können. Bei dieser Art der Fehlereingrenzung ist es durchaus möglich, dass unabhängig von der Identifizierung der eigentlichen Ursache ein programmierbarer Weg zur Vermeidung der aufgetretenen Schwierigkeiten gefunden wird.

Je nach Persönlichkeitsstruktur besteht die Gefahr, dass der Programmierfreak mehr oder weniger stark dazu tendiert, den soziale Konflikte und Mühen verursachenden Weg der Leistungsnachbesserung zusammen mit Verfahrensspezialisten zu vermeiden und statt dessen das Problem durch geschickte und schnell ausgeführte Programmiertricks zu umgehen.

6. Die Überprüfung technisch-wissenschaftlicher Erfahrungen und die Bewertung von Entwicklungsmöglichkeiten und –grenzen: Beschränkungen sicherer Technik

6.1 Paradoxien und Widersprüche

Mengentheoretische und semantische Paradoxien und Widersprüche stellen Grenzfälle dar, welche bei unbemerkter Verwendung im Anwenderprogramm Schäden oder Programmabstürze verursachen könnten.

Beispiele für Paradoxien aus formalen Mängeln sind anhand des „hypothetischen Syllogismus" und des wahrheitsfunktionalen Verständnisses des Konditionals herausgearbeitet worden (Suster, 1999, S. 107).
Bedeutsam sind auch die Semantischen Paradoxien, welche seit der Antike durch das Beispiel des Kreters Epimenides bekannt sind, der von sich sagte, dass er lüge (Whitehead /Russell, 1986, S. 87).

Ein gutes Beispiel für ein mengentheoretisches Paradoxon ist die Russellsche Antinomie (auch Russellsches Paradoxon): Die von Russell 1902 entdeckte und nach ihm benannte Antinomie, dass die Annahme der Existenz einer Menge aller Mengen, die sich selbst nicht als Element enthalten (d.h. $\neg M \in M$), zu einem Widerspruch führt.
Ist R diese (dann eindeutig bestimmte) Menge, so gilt dann also für jede Menge M: $M \in R \iff \neg M \in M$. Das muss auch gelten, wenn man R für M einsetzt. Dann erhält man aber die widersprüchliche Aussage $R \in R \iff \neg R \in R$.
Man beachte: Die Formel $p \to \neg p$, welche sich zu $\neg p \lor \neg p$ umwandeln lässt, ist äquivalent mit $\neg p$ und daher noch kein Widerspruch. Erst die Äquivalenz $p \leftrightarrow \neg p$ ergibt einen Widerspruch.

Eine wichtige Regel zur Vermeidung mengentheoretischer Paradoxien wurde mit dem sogenannten "Zirkelfehlerprinzip" beschrieben (Whitehead/Russell, 1986, S. 56): *„Was immer alle Elemente einer Menge voraussetzt, darf nicht ein Element der Menge sein. ...*
Oder umgekehrt: Wenn eine gewisse Menge unter der Voraussetzung, sie bilde eine Gesamtheit, Elemente enthielte, die nur in Termen dieser Gesamtheit definierbar sind, dann bildet diese Vielheit keine Gesamtheit. ... Dies wollen wir das „Zirkelfehlerprinzip" nennen... ."

Beispielhaft wäre die Zahl Zn, welche die Summe der Zahlen Z1...Zn sein soll, oder ein Kreis, welcher die Menge der Kreise auf einer Fläche umfassen soll und gleichzeitig Element dieser Menge sein soll.

So wie die logischen Axiome sich in Schaltkreisen formulieren lassen, haben auch logische Paradoxien eine Relevanz für Schaltkreise. Sie führen häufig in Endlosschleifen. Würde ein Programm in einer Schleife mit Rücksprung, d.h. innerhalb eines Programmzyklus, iterativ nach derjenigen natürlichen Zahl N suchen, welche die Summe der Zahlen 1..N ist, so würde diese Iteration ohne Finden eines Ergebnisses mit N gegen Unendlich weiterlaufen. Da in der Regel die Zeit vom Durchlaufen des Programmanfangs bis zum Programmende überwacht wird, würde das Programm bei Überschreiten der eingestellten maximalen Laufzeit angehalten werden. Die Bearbeitung und die Kontrolle der Prozesse wären gestoppt. Das unbemerkte Implementieren eines mengentheoretischen Paradoxons kann also einen ganzen Steuerungs-Computer außer Funktion setzen.

Würde in einer Beschreibung eines Prozessablaufs ein semantisches Paradoxon in der Form vorliegen, dass ein Teil der Beschreibung einen Sachverhalt als gegeben erklärt, während ein anderer Teil derselben Beschreibung dem widerspricht, so wäre es unter Umständen von zufälligen Prozessbedingungen abhängig, welcher Teil der Beschreibung in der Programmlogik mehr Gewicht hat. In diesem Fall würde sich die logische Paradoxie in chaotischen Oszillationen des Schaltkreises niederschlagen. Unvorhergesehene Programmreaktionen wären in diesem hypothetischen Fall nicht auszuschließen.

Programmtechnische Widersprüche können bei komplexeren Aufgabenstellungen z.B. bei der Verwendung der sogenannten „indirekten Adressierung" vorkommen. *„Da bei der indirekten Adressierung die Adressen erst bei der Laufzeit errechnet werden, besteht die Gefahr, dass ungewollt Speicherbereiche überschrieben werden."* (Berger, 1996, S. 280)
Ein Widerspruch würde sich ergeben, wenn bei der Berechnung des Adressaten eine nicht existierende Adresse ermittelt würde. Das Programm würde die gesuchte Zieladresse innerhalb der maximal zulässigen Zykluszeit nicht finden und die Steuerung sowie die Kontrolle der Prozesse würden gestoppt werden.

Diese Fehlerprinzipien haben die Gemeinsamkeit, dass ihnen kein einfacher syntaktischer Fehler zugrunde liegt und sie durch die üblichen syntaktischen Prüfroutinen bei der Programmerstellung und auch bei normalem Programmlauf nicht notwendigerweise erkannt werden, sondern erst in besonderen Konstellationen wirksam werden können. Programme mit höherer Komplexität, welche durch obige Fehlerprinzipien der Gefahr von Fehlfunktion bzw. „Absturz" unterliegen, erfordern Umsicht und Genauigkeit der Programmersteller. Widersprüche durch formale oder interpretatorische Mängel oder auch durch Phänomene, welche auf ein mengentheoretisches Paradoxon zurückzuführen sind, sind durch entsprechende Sorgfalt von sicherheitstechnisch kritischen Programmen fernzuhalten.

6.2 Logische Grenzen sicherheitstechnischer Konstruktionen

Versucht man, die Grenzen technischer Einrichtungen zu finden, wird man sich mit den erdachten Szenarien oft in Grenzbereichen bewegen, die im Normalbetrieb nicht, in der Praxis oft sogar nie, berührt werden. In der Erfindungs- und Konstruktionsphase möchte der verantwortungsbewusste Ingenieur durchaus alle möglichen Situationen in sein Kalkül einbeziehen, sofern diese ihm in hinreichender Vielfalt in den Sinn kommen.

Neben technischen sind auch logische Beschränkungen in Betracht zu ziehen, welche möglicherweise weniger im Fokus des Technikers sind und in den nachfolgenden Kapiteln dargelegt werden.
Logische Beschränkungen sollen nicht mit Grenzen der Logik, sondern mit Funktionalitätsgrenzen technischer, speziell redundanter, Einrichtungen aufgrund logischer Regeln gleichgesetzt werden.
Diese Einschränkungen entstehen durch verschiedenartige gleichzeitige Anforderungen, welche unterschiedliche, nicht deckungsgleich gestaltbare logische Verknüpfungen erfordern. Das soll insbesondere für die Grenzen sicherheitsgerichteter, redundanter Steuerungssysteme untersucht werden.

6.2.1 Die Grenzen paralleler Doppelrechnersysteme

Parallele Doppelrechnersysteme werden eingesetzt, um im Falle eines Systemausfalls mit dem redundanten Parallelsystem einen Prozess weiter betreiben zu können. Da, wie in 5.8.1 erwähnt, der bloße Vergleich keine Information darüber gibt, welches System richtig arbeitet und welches nicht, sind im parallelen Doppelrechnersystem Selbstkontrollalgorithmen zu integrieren, mit denen die Identifikation des gestörten Teilsystems ermöglicht wird. Die Zuverlässigkeit des Gesamtsystems hängt also wesentlich von den naturgemäß eher komplexen Selbstkontrollalgorithmen ab, deren eigene Funktionssicherheit und Zuverlässigkeit der „Selbstkontrolle" nicht unbegrenzt sind (s. 6.2.7). Es stellt sich bei internen Testroutinen insbesondere die Frage, ob bei den hierbei im voraus bedachten Fehlerszenarien auch wirklich alle Fehlermöglichkeiten überprüft und im Zweifelsfall erkannt werden.

Die befürchteten Fehlfunktionsmöglichkeiten des parallelen Doppelrechnersystems wären zum einen der Ausfall beider Teilsysteme, beispielsweise durch übergreifende Einwirkung von außen, durch gemeinsame Konstruktionsfehler hinsichtlich nicht bedachter Rahmenbedingungen oder durch allgemeine Qualitätsprobleme, und wären zum anderen Fehlentscheidungen des Selbstkontrollalgorithmus, welche zum Abschalten des ungestörten Teilsystems und bzw. oder zur Fortführung des Betriebs mit dem fehlerhaften Anteil führen könnten.

6.2.2 Die Grenzen serieller Doppelrechnersysteme

Serielle Doppelrechnersysteme werden eingesetzt, um im Falle eines Systemausfalls den Prozess zuverlässig beenden zu können. Da bei serieller Schaltung bei Ungleichheit der beiden Teilsysteme das Gesamtsystem abgeschaltet wird, ist eine Identifikation des fehlerhaften Anteils nicht notwendig.
Das Prinzip des reinen vergleichenden Systems hat gegenüber anderen Systemen mit internen Überprüfungsprozeduren den Vorteil der geringeren Komplexität und damit der geringeren Fehleranfälligkeit und auch der schnelleren Fehlererkennung. Letzteres beruht auf der sofortigen Feststellbarkeit einer Ungleichheit, im Gegensatz zu den Rechenzeit benötigenden Überprüfungsroutinen. Die Zuverlässigkeit des Gesamtsystems hängt also wesentlich von der Zuverlässigkeit der Vergleichsroutine ab, die durch einfache und robuste elektrische Schaltungen unabhängig von Fehlern in Software und Software verarbeitenden Baugruppen ist.

Die mit dem seriellen vergleichenden System billigend in Kauf genommenen Nachteile sind die fehlende System- und Prozessverfügbarkeit bei Identifikation von Unterschieden in den Teilsystemen sowie die fehlende Information über potentielle, nicht aktuelle Systemzustände.
Ein befürchtetes Fehlfunktionsszenario, welches nicht mit dem Konstruktionsprinzip zusammen billigend in Kauf genommen wird, wäre ein Doppelfehler, wie z.B. das „Festbacken" eines Ausgangskanals in einem Teilsystem (beispielsweise durch jahrelangen TRUE-Zustand) und ein gleichzeitiger Fehler im zweiten Teilsystem, der den zu vergleichenden Ausgang fälschlicherweise ebenfalls in den TRUE-Zustand versetzt.
Wegen der grundsätzlichen, architektonischen Nachteile des seriell vergleichenden Doppelsystems wäre dieses bei Anwendungen einzusetzen, bei welchen ein

Abschalten des Gesamtprozesses grundsätzlich möglich ist oder vor Erreichen eines „Point of no return" möglich wäre.

Dies wäre z.B. beim Start einer Rakete der Fall. Bei Nichtkonsistenz der Daten kann und soll der Count-down unterbrochen werden. Ab dem "Point of no return", dem Augenblick, ab dem der Prozess nicht mehr unterbrochen werden kann, ohne zwischenzeitlich ein nicht selbstregulierendes und nicht selbstregulierend abschaltbares Stadium zu durchlaufen, ist die Technik des vergleichenden Abschaltsystems nicht mehr ausreichend.

Im Fall der hypothetischen Rakete würde das bedeuten, dass die stationäre Abschussrampe mit einem seriell vergleichenden Doppelrechnersystem ausgerüstet werden könnte. Für die Steuerung der Rakete selbst, welche nach dem Start in jeder Situation kontrolliert werden muß, ist das vergleichende und sicher abschaltende System unter dem Kriterium der Verfügbarkeit nicht leistungsfähig genug.

6.2.3 Die Grenzen redundanter Systeme mit 2-aus-3-Auswahl

Möchte man erhöhte Verfügbarkeit UND die Robustheit der vergleichenden Systeme und sich nicht durch die Frage der Zuverlässigkeit von Überwachungsprozeduren beschränken lassen, bietet sich die Methode des Vergleichs mit Mehrheitsentscheidung an, hiervon am einfachsten diejenige des 2-aus-3-Vergleichs.

Redundante Systeme mit 2-aus-3-Auswahl werden eingesetzt, um im Falle eines Teilsystemausfalls mit den zwei noch intakten Teilsystemen einen Prozess weiter betreiben zu können und um gleichermaßen per Mehrheitsentscheid das fehlerhafte Teilsystem identifizieren zu können.

Die Zuverlässigkeit des Gesamtsystems hängt also wesentlich von der Funktionssicherheit und Zuverlässigkeit des „Voters" (der 2-aus-3-Auswahl-Einheit) ab, welcher durch möglichst robuste elektrische Konstruktion unabhängig von Fehlern in Software und Software verarbeitenden Baugruppen sein soll, aber durch die komplexere Aufgabenstellung naturgemäß komplexer und damit fehleranfälliger ist als die reine Vergleichsschaltung des seriellen Doppelrechners.
Der vom reinen vergleichenden 2-aus-3-Auswahlsystem billigend in Kauf genommene Nachteil ist die fehlende Information über potentielle, nicht aktuelle Systemzustände, was durch ein System mit vergleichender 2-aus-3-Auswahl UND Selbstkontrollalgorithmen überwunden werden könnte.

Die befürchteten Fehlfunktionsmöglichkeiten des 2-aus-3-Auswahlsystems wären zum einen der Ausfall von zwei Teilsystemen, beispielsweise durch übergreifende Einwirkung von außen, durch gemeinsame Konstruktionsfehler hinsichtlich nicht bedachter Rahmenbedingungen oder durch allgemeine Qualitätsprobleme und wären zum anderen Fehlentscheidungen des „Voters", welche zum Abschalten eines ungestörten Teilsystems und bzw. oder zur Fortführung des Betriebs mit dem fehlerhaften Anteil führen könnten.

Sollte der Ausfall eines 2-aus-3-Systems wegen der prozessseitig benötigten Verfügbarkeit nicht akzeptabel sein, müssten zusätzliche Redundanzen in Form weiterer, räumlich getrennter und mit anderen Komponenten arbeitender Systeme aufgebaut werden, um die Steuerungsfunktionalität aufrecht zu erhalten.
Diese beliebig fortführbare Redundanzerhöhung sollte mittels paralleler 2-aus-3-Systeme durchgeführt werden, da diese bei einem Totalausfall des ersten 2-aus-3-Systems in Aktion treten müssten.
Dies ist unter der Annahme sinnvoll, dass die Ursache für die Disfunktionalität des ersten 2-aus-3-Systems nicht auf das redundante Parallelsystem wirkt. Das setzt auch voraus, dass das redundante 2-aus-3-System regelmäßig seine Funktionalität unter Beweis stellen muss.

6.2.4 Die Auswahl des „besten" Systems

Welche Kriterien sind für die Auswahl der besten Systemarchitektur maßgeblich? Diese sind, jeweils für die spezielle Aufgabe, zunächst die Erfüllung der geforderten Verfügbarkeit bzw. Abschaltsicherheit sowie der erforderliche Anteil der Systemverfügbarkeit, d.h. der Anteil des Gesamtsystems, welcher für die Aufrechterhaltung der Systemfunktionalität zur Verfügung stehen muss.

Das vergleichende, „serielle" Doppelrechnersystem, welches für die Priorität der Abschaltsicherheit eingesetzt wird, benötigt 100% Systemverfügbarkeit zur Versorgung der Anlagenfunktionalität. Das Erkennen von Unterschieden im Vergleichslauf führt zum Abschalten.

Das parallele Doppelrechnersystem zur Bereitstellung erhöhter Verfügbarkeit benötigt 50% Systemverfügbarkeit für das Betreiben einer Anlage, hat jedoch den Nachteil der komplexeren und Rechenzeit benötigenden Fehleridentifikation.
Das Dreifach-Rechnersystem mit 2-aus-3-Auswahl kombiniert den Simplizitätsvorteil des Vergleichs mit der Verfügbarkeit des parallelen Doppelrechners. Bei Ausfall eines Teilsystems bleibt immer noch ein vergleichender serieller

Doppelrechner übrig. Es wird bei Dreifach-Rechnersystem 66,7% Systemverfügbarkeit benötigt, allerdings zum Erreichen des Abschaltens UND Aufrechterhalten des Prozesses.

Für ein System mit INT(n/2)+1 aus n -Auswahl konvergiert mit n gegen Unendlich dieser Wert wieder gegen 50% benötigte Systemverfügbarkeit für Abschaltsicherheit UND erhöhte Verfügbarkeit. (Dabei ist Int(n/2) die Rundung von n/2 auf eine ganze Zahl, wenn n/2 nicht ganzzahlig ist.)
Dies stellt daher das Optimum zur gleichzeitigen Erfüllung der Kriterien Verfügbarkeit, Abschaltsicherheit sowie eines möglichst geringen Anteils an erforderlicher Systemverfügbarkeit dar.

In der realen Welt der nicht unendlichen Ressourcen erscheint es daher als zweckmäßig, als weiteres Bewertungskriterium den Aufwand zu berücksichtigen. Somit stellt die 2-aus-3-Auswahl einen vertretbaren sicherheitstechnischen Kompromiß dar. Eine redundante sicherheitsgerichtete Steuerungsanlage kann daher nicht als „absolut sicher", sondern nur als „relativ sicher" bezeichnet werden.
Der TÜV Deutschland trägt dem Rechnung, indem er relativ zum Gefährdungsrisiko (ein/mehrere/viele Verletzte/Tote mit geringer/mittlerer/hoher Wahrscheinlichkeit) verschiedene Sicherheitsklassen definiert, aus welchen sich die entsprechenden Anforderungen an den steuerungstechnischen Aufwand ergeben.

6.2.5 Logische Grenzen der redundanten Zustandserfassung

Die Betrachtung von Sicherheit und Verfügbarkeit darf sich nicht auf das zunächst abstrakte Steuerungssystem beschränken, sondern ist auch auf die beteiligten Signalgeber und Stellglieder zu beziehen.
Inwiefern vertrauen wir Selbstkontrollsystemen in einem Maße, das Beschränkungen durch die Rahmenbedingungen außer Acht lässt? Spektakuläre Unfälle wie der Absturz der Boeing 767 der Lauda Air über Thailand 1991 oder der Unfall auf dem Warschauer Flughafen 1993, als ein Airbus über die Landebahn hinausraste, werfen natürlich jedes Mal die Frage auf, ob wir der installierten Sicherheitstechnik nicht zu stark vertrauen, ob wir etwa die antizipierten Redundanzen über den Bereich des gesamten zu kontrollierenden Prozesses erwarten.
Die beiden genannten Flugzeugunfälle scheinen besonders repräsentativ für die Unterordnung (sicherheits-)technischer Einrichtungen unter logische Beschränkungen zu sein. Dies wird angesichts des hohen Entwicklungsstandes der Si-

cherheitstechnik oft übersehen, und es wird im Unglücksfall normalerweise eher an mechanisch fehlerhafte Teile, an menschliches Versagen oder an fehlerhafte Programmimplementierung gedacht.
Das logische Dilemma, dem jede Technik unterworfen ist, ist die gegenseitige Beschränkung von Abschaltsicherheit und erhöhter Verfügbarkeit. Abschaltsicherheit verlangt die serielle Schaltung der beteiligten Komponenten, erhöhte Verfügbarkeit deren Parallelschaltung. Wird beides verlangt, kommt der Projekteur in einen Gewissenskonflikt und muss sich zu Gunsten einer Lösung und zum Nachteil der anderen entscheiden.
Als Kompromiss bietet sich zwar die 2-aus-3-Auswahl an, jedoch beinhaltet deren Projektierung beim Vergleich gleichberechtigter Computersysteme oder gleichartiger Informationen weniger Schwierigkeiten als bei dem Vergleich von Informationen, die zwar das Gleiche aussagen sollen, aber auf der Messung verschiedener physikalischer Größen mit verschiedenartigen Messprinzipien basieren.

Im Beispiel der beiden Flugzeugunglücke geht es um die Aktivierung des Triebwerkgegenschubs, der nach dem Aufsetzen auf der Landebahn durch Umlenken des Abluftstroms das Flugzeug abbremsen soll. Der Einfachheit halber sollen die betrachteten Signalgeber zunächst auf Lastkontrolle der beiden Fahrwerke (vorne und hinten) beschränkt werden.

Die Erhöhung der Verfügbarkeit des Gegenschubs würde bedeuten, die beiden Signalgeber parallel zu schalten. Das Einschalten des Gegenschubs würde erlaubt sein, WENN das Gewicht des Flugzeugs auf dem Fahrgestell vorne ODER auf dem Fahrgestell hinten lastet, beides Indikatoren für die erfolgte Landung.
Ein irrtümliches Zuschalten des Gegenschubs, wie dies bei dem Unglück der Lauda-Air geschehen ist, würde in diesem Falle möglich sein, sobald einer der parallel abgefragten Kontroll-Signalgeber falsch anzeigt. Die Folgen der Aktivierung des Gegenschubs während des Fluges können instabile Flugzustände oder Beschädigungen des Flugzeugs sein und somit einen Absturz bewirken.
Die Erhöhung der Abschaltsicherheit des Gegenschubs, d.h. die Sicherheit vor fehlerhaftem Einschalten des Gegenschubs, würde bedeuten, die beiden Signalgeber seriell abzufragen. Das Einschalten des Gegenschubs würde erst erlaubt sein, WENN das Gewicht des Flugzeugs auf dem Fahrgestell hinten UND auf dem Fahrgestell vorne lastet.
Auf dem Flughafen von Warschau hat das Flugzeug nach Zeitungsberichten (s.a. 6.3) aufgrund des schlechten Wetters das vordere Fahrgestell nicht hinreichend schnell auf den Boden aufsetzen können. Aus diesem Grund wurde ver-

mutlich der Gegenschub nicht oder verzögert eingeschaltet und das Flugzeug raste über die Landebahn hinaus.

Die Installation einer 2-aus-3-Auswahl der Messtechnik für das Erhalten einer möglichst zuverlässigen Information zur Flugsituation, und damit zur Freigabe der Einschaltung des Gegenschubs, wäre auf mindestens zwei verschiedene Arten möglich:

- Die Abfrage jedes einzelnen physikalischen Zustandes kann 3-fach erfolgen. Da, bei richtiger Funktion, alle 3 Signalgeber des vorderen Fahrgestells NICHT die Belastung des Vorderrades angezeigt hätten, wäre mit dieser Maßnahme bezüglich des Unfalls in Warschau kein Vorteil erreicht worden.

- Die Anzahl der abgefragten physikalischen Zustände kann auf 3 erhöht werden. Hierbei hängt es vom potentiellen Unglücksszenario und der Wahl der abgefragten Variablen ab, ob diese situationsabhängig voneinander unabhängig oder miteinander verkettet sind.

Wäre beispielsweise der dritte Signalgeber die Rotationskontrolle der vorderen Fahrgestellräder, dann wäre dieses Messverfahren physikalisch-mechanisch an das Aufsetzen des vorderen Fahrgestells gekoppelt gewesen und hätte bei dieser Art von 2-aus-3-Abfrage das Warschauer Unglück nicht verhindert.
Die abgefragten Messgrößen zur Indikation eines Betriebszustands sollten daher verschiedenartig, von vergleichbarem logischen Gewicht und bezüglich aller potentiellen Fehlerszenarien voneinander unabhängig sein.
Das Lauda-Air-Unglück hat Flugzeughersteller offenbar inspiriert (s.a. 6.3), die Bedingung zum Einschalten des Gegenschubs zu überdenken. Die Vermutung liegt nahe, dass ohne die Katastrophe über Thailand das Unglück in Warschau nicht stattgefunden hätte.

Die Beschränkung von hochwertiger Automatisierungstechnik durch unzureichende sonstige Technik, wie z.B. veraltete Antriebe, ist im allgemeinen bekannt. Weniger geläufig ist dagegen die beschriebene Beschränkung von erhöhter Sicherheit durch das Auswahldilemma redundanter Signalabfragen und deren logischer Verknüpfung. Dieses Dilemma besteht unabhängig vom Entwicklungsstand der Technik.

6.2.6 Die subjektive Positionierung logischer Grenzen

Wenn die Ingenieure des Flugzeugherstellers die Bedingung für das Einschalten des Gegenschubs verschärft haben sollten und falls dadurch die Grundlage für den Unfall von Warschau gelegt worden wäre, was hätten sie dann falsch gemacht?

Ließe sich ein Gesetz formulieren, nach welchem die verschiedenen Zustände redundanter Signalerfassung objektiv auf die beste Art logisch verknüpft werden sollen? Ist eine 2-aus-3-Auswahl der Zustände als Ausweg aus dem seriell-parallel-Dilemma die objektiv beste Entscheidung?

Hätte man hierfür nun 3 voneinander unabhängige Zustandsabfragen subjektiv bestimmt, müssten diese auch statistisch die gleiche Zuverlässigkeit haben, um mit der gleichen Gewichtung sich der 2-aus-3-Auswahl zu stellen.

Betrachtet man als Beispiel die Abfrage des Gewichts auf den hinteren Rädern als ersten, die Abfrage des Gewichts auf den vorderen Rädern als zweiten und die Abfrage der Umdrehung der Räder als dritten abgefragten Zustand für die Erlaubnis des Zuschaltens des Gegenschubs, so könnte man einwenden, die Umdrehung der Räder sei als Messgröße nicht gleichwertig, da sie bei Aquaplaning wegen des möglichen Blockierens der Räder nicht zuverlässig funktioniere, während man sich bei den beiden anderen Messgrößen keine grundsätzlichen Disfunktionalitätsszenarien vorstellen könne.

Nach dem Unglück von Thailand und vor dem Ereignis von Warschau hätte man wiederum argumentieren können, dass auf Grund des tatsächlich erfahrenen Versagens der Freigabebedingungen, vermutlich der Gewichtsabfrage auf den vorderen oder hinteren Rädern, die geplante zusätzliche Abfrage der Radumdrehung ein Abfragekriterium mit derselben Wichtung wie die der beiden anderen Signale sein sollte.
Möglicherweise bewirken die kumulierenden mechanischen Belastungen der vielen Landungen denselben Unsicherheitsgrad für die Gewichtsabfrage wie das Aquaplaningszenario für die Radumdrehungsabfrage. Allerdings könnte man der ersten Unsicherheit durch häufigere Wechsel der Gewichts-Signalgeber begegnen, der zweiten eher durch schönes Wetter.

Hat man die voneinander unabhängigen Zuschaltbedingungen X1, X2 und X3 zur Verfügung und hat X1 aufgrund statistischer Erfahrung oder theoretischer Erwägungen die doppelte Zuverlässigkeit wie alle anderen Messgrößen, so könnte dies aus Irrtumswahrscheinlichkeitserwägungen zunächst ein Grund sein, die Zuschalterlaubnis Z mit der Abfrageformulierung

$$Z \leftrightarrow X1 \wedge (X2 \vee X3)$$

zu verknüpfen. Die 2-aus-3-Auswahl mit der symmetrischen Wichtung der Bedingungen X1, X2 und X3 würde man wegen der angenommenen asymmetrischen Zuverlässigkeitsverteilung als nicht passend ansehen.

Da diese Konstruktion aber keine Verfügbarkeit mehr bei einem Ausfall der Erfassung von X1 bieten würde, müsste man auf eine weitere Messgröße X4 zurückgreifen, um eine Gewichtung der redundant abgefragten Signalzustände und gleichzeitig noch Messverfügbarkeit bei Ausfall von einem der Signalgeber zu haben. Die Qualität der Zuverlässigkeit von X4 soll derjenigen von X2 oder X3 ähneln.

Die Formulierung der Abfrage könnte dann so aussehen:

$$Z \leftrightarrow [X1 \wedge (X2 \vee X3 \vee X4)] \vee [X2 \wedge X3 \wedge X4]$$

Das Festlegen der zusätzlichen Messgröße X4 und die Konstruktion der obigen Formulierung ist, sei es auch in dem Bestreben zum Erreichen der besten Möglichkeit, hierbei natürlich ein subjektiver und willkürlicher Akt.

Mit der auf wiederholbare und transparente Programmstrukturen abhebenden („zielorientierten") Haltung, auf jeden Fall drei gleichermaßen zuverlässige und voneinander unabhängige Zustandsbedingungen zu benötigen und diese auch bei fleißiger und ideenreicher Suche schließlich auch finden zu können, wäre die 2-aus-3-Auswahl mit symmetrischer Wichtung das richtige Abfrageinstrument. Unter dieser Prämisse der quasi gleichen Zuverlässigkeit wären wahrscheinlichkeitsmäßige Gewichtungen der redundanten Signalquellen hinfällig.

$$Z \leftrightarrow [X1 \wedge X2] \vee [X1 \wedge X3] \vee [X2 \wedge X3]$$

Was in diesem Fall als Kritikpunkt jedoch bestehen bliebe, wäre die subjektive Feststellung der gleichen Zuverlässigkeit verschiedenartiger Zustandsabfragen verschiedenartiger Zustände.

6.2.7 Grenzen der Selbstüberwachung - Überwacht sich das System wirklich selbst?

Reflektiert man über die Forderung nach selbstüberwachenden Systemen, so fragt man sich, ob es überhaupt selbstüberwachende Systeme oder Organismen gibt. Ist der Mensch in der Lage, sich selbst zuverlässig zu überprüfen, etwa in Form der Überwachung seiner eigenen geistigen Fähigkeiten? Man könnte sich hierfür beispielsweise täglich vor dem Frühstück eine, per Zufall auszuwählende, Prüfroutine zur Aufgabe stellen. Sollten wir die gestellte Aufgabe eines Morgens nicht erledigen, würden wir dies vermutlich nicht auf das Nachlassen der geistigen Fähigkeiten, sondern eher auf Lustlosigkeit oder Abgespanntheit zurückführen. Wären wir tatsächlich nicht mehr in der Lage, die normalerweise zu bewältigende Aufgabe geistig zu erfassen, so hätten wir auch nicht zuverlässig die Fähigkeit, diesen Zustand zu erkennen und hieraus die richtigen Handlungen abzuleiten.

Daher geben von den Personen, die auf Grund ihres sich stetig verschlechternden Gesundheitszustandes kaum noch zuverlässig ein Automobil steuern können, manche den Führerschein ab und die anderen nicht. Selbstüberwachung scheint es daher beim Menschen streng genommen nicht zu geben. Wenn ein System nicht zu logisch richtiger Verknüpfung fähig ist, kann es sich auch nicht zuverlässig selbst überwachen.

Wird dies auch durch die Beachtung des Zirkelfehlerprinzips aus 6.1 unterstützt? Bei genauer Verwendung des Russell'schen Satzes: *„Was immer alle Elemente einer Menge voraussetzt, darf nicht ein Element der Menge sein."* könnte man hier einsetzen: Ein sicherheitsgerichtetes Automatisierungssystem setzt alle Elemente der Menge der möglichen Szenarien voraus und nimmt für sich in Anspruch, diese sicher behandeln zu können.

Ist ein sicherheitsgerichtetes Automatisierungssystem nun gleichzeitig Element dieser Menge? Dies kann insofern mit JA beantwortet werden, als dass das sicherheitsgerichtete Automatisierungssystem nicht nur neue Fehlerszenarien enthält, die ohne seine Existenz ebenfalls nicht existieren würden, sondern durch seine Existenz auch ein Szenario ist.

Hieraus müssen wir schließen: Ein sicherheitsgerichtetes System kann die Gesamtheit aller Szenarien, zu der auch die Fehlfunktion seiner selbst gehört, nicht sicher behandeln. Ist dieses für den Techniker enttäuschende, technikphilosophische Betrachtungsergebnis durch intelligente, technische Konzepte relativierbar?

Die zuverlässige Selbstüberwachung eines Systems soll durch eine systemeigene Meta-Instanz oder eine Meta-Ebene durchgeführt werden. Doch wer überwacht diese? Wird eine Meta-Instanz, wie z.b. ein Arzt, in seiner Leistungsfähigkeit zweifelhaft, so kann dies sowohl vielen seiner Patienten als auch den Krankenkassen anhand seiner Krankenberichte auffallen. Es mögen dann weniger Patienten zum Arzt kommen; bevor die Krankenkasse als Meta-Meta-Instanz hier organisatorisch reagiert, sind jedoch Behandlungsfehler und gesundheitliche Schäden nicht auszuschließen.

Die Meta-Instanz bei einem industriellen Überwachungssystem hat normalerweise nur einen „Patienten", das zu überwachende redundante Steuerungssystem, und eine „Kasse" als Meta-Meta-Instanz, den Betreiber der zu steuernden Anlage.

Eine Lösung könnte darin bestehen, die Konstruktion der Meta-Ebene sehr robust, „fail safe" (d.h. fällt bei Störung in den sichern Zustand = Abschaltung), zu gestalten. Der Vergleichsalgorithmus der redundanten Teilsysteme ist daher im robusten Fall aus einfachen elektrischen Schaltungen aufgebaut, die für eine bestimmte Anzahl (für elektrische Schaltungen typische) Störungen die Abschaltung des Steuerungssystems bewirken sollen. Bei dieser Konstruktion würde das Risiko von Softwarefehlfunktionen entfallen.

Innerhalb der Teilsysteme könnten wieder Überwachungsalgorithmen, wie z.B. das zyklische Testschalten, eingebaut sein, welche wiederum untergeordnete Funktionselemente überprüfen, wie z.B. Ausgangsmodule auf „festgebackene" Zustände hin.
Diese gestaffelte Organisation der Funktionsüberwachung und des Redundanzvergleichs ergibt ein relativ hohes Maß an Sicherheit. Zudem bewirkt der Ausfall des Selbstkontrollsystems alleine keine Fehlschaltung, da ja jedes der redundanten Systeme normalerweise richtig weiterarbeitet. Erst zusätzliche Fehler in den redundanten Teilsystemen könnten zu Fehlfunktionen führen.

Diese Fehlerhäufung ist nicht völlig unmöglich. Durch Blitzschlag, Funkenflug oder sehr starke fließende Ströme (Lichtbögen) mit den korrespondierenden Magnetfeldern können unvorhersehbare Variationen von Fehlfunktionen in übergreifenden Funktionsbereichen verursacht werden.
Dies wurde Anfang November 1996 vor Augen geführt, als am Flughafen von Sao Paulo ein brasilianisches Passagierflugzeug nach dem Start abstürzte, was abermals durch fehlerhafte Aktivierung des Gegenschubs (diesmal offenbar kurz vor dem Abheben) ausgelöst wurde. Experten schließen nicht aus, dass ein Funktelefon an Bord den Flugzeugcomputer gestört haben könnte und so die Schubumkehr ausgelöst worden sei. (Süddeutsche Zeitung, 04.11.1996)

Selbstkontrollsysteme mit hierarchischer Struktur kontrollieren in der eigentlichen Bedeutung des Wortes sich nicht selbst. Hierarchisch soll hier bedeuten, dass übergeordnete Kontrollstrukturen unterlagerte Prozessfunktionsstrukturen überwachen. Die Hierarchie schließt oben mit einer robusten Meta-Überwachungseinheit ab, welche z.b. die unterlagerten redundanten Teilsysteme miteinander vergleicht. Aus dieser Struktur folgt auch, dass die oberste Hierarchie nicht mehr kontrolliert wird.

Zur Realisierung einer wirklichen Selbstkontrolle bietet sich das Konzept der ringförmigen Struktur an, bei welcher die oberste Hierarchie wiederum von der unteren kontrolliert wird.
Dies könnte realisiert werden, indem z.b. an den Ausgangsbaugruppen der Teilsysteme Testschaltungen durchgeführt werden, welche die 2-aus-3-Auswahl-Einheit veranlassen, hierauf per Mehrheitsentscheidung richtig zu reagieren und die entsprechenden Antwortsignale an die Ausgangsbaugruppen zurückzuschicken.
Test, Reaktion und Auswertung des Tests müssen deutlich schneller als die normale Prozesszykluszeit der Steuerungssysteme sein. Wäre dies nicht der Fall, würde das „testgeschaltete" Teilsystem, wegen seines von den beiden normal funktionierenden Systemen abweichenden Zustandes, während der nunmehr signifikanten Testperiode abgeschaltet werden. Es würde dann während der nicht mehr vernachlässigbaren Testperioden kein 2-aus-3-Auswahlsystem, sondern nur noch ein 1-aus-2-Auswahlsystem, d.h. ein serielles Vergleichssystem, zur Verfügung stehen. Die ringförmige Selbstüberwachung stellt daher keinen robust-einfachen, sondern eher einen komplexen Prozess dar.

Im Gegensatz zum lebenden Organismus kann es bei den industriellen Steuerungssystemen das Konzept einer „wirklichen" Selbstüberwachung geben. Dies liegt daran, dass es hier verteilte dezentrale Intelligenzen gibt, mittels derer sich geschlossene Überwachungsringe bilden lassen, in welchen normalerweise defekte Komponenten nicht unentdeckt bleiben.
Mehrfache Fehler, die das Erkennen eines einzelnen Fehlers verhindern, sind sehr unwahrscheinlich und normalerweise nur in Ausnahmesituationen, wie z.B. massiver äußerer Einwirkung, vorstellbar, können dann aber Fehlfunktionen des Steuerungssystems und des zu steuernden Prozesses auslösen.

Aufgrund des nicht auszuschließenden Auftretens mehrfacher Fehler muß festgestellt werden, dass es keine absolut sichere Selbstüberwachung gibt. Dies wird auch durch die Beachtung des Zirkelfehlerprinzips bestätigt.

6.3 Techniktheoretische Prüfung der „Logischen Grenzen"

Unterwirft man die techniktheoretische Betrachtung der logischen Grenzen, speziell die der „logischen Grenzen der redundanten Zustandserfassung", der Überprüfung nach techniktheoretischen Gesichtspunkten, so sind folgende Argumente und Aspekte zu beachten:

- Bei Voraussetzen der Glaubwürdigkeit der veröffentlichten Erklärungen, das Einschalten der Schubumkehr in der Luft in Thailand, das Verweigern der Schubumkehr auf der regennassen Fahrbahn in Warschau und das Einschalten derselben beim Start in Sao Paulo, ist das „immer zuverlässige Funktionieren sicherheitsgerichteter Steuerungstechnik" durch diese Gegenbeispiele falsifiziert.
- Die angebotenen Erklärungen zur logischen Problematik der Verarbeitung der Signalgeber bezüglich der „Last"-Meldung der Räder bieten eine plausible Möglichkeit der kausalen Verknüpfung der Ereignisse von Thailand und von Warschau. Ob dies in der Realität tatsächlich so war, kann im Rahmen dieser Arbeit nicht verifiziert werden und bleibt daher plausibel UND spekulativ. Verschiedenartige Überlegungen können seitens der verantwortlichen Konstrukteure und Firmen den Willen zur Offenheit hemmen. Es scheint daher sinnvoll anzunehmen, dass auch ohne nachweisbaren kausalen Zusammenhang zwischen einer potentiellen Störursache und einem Unglück schon die nachweisbare Existenz einer potentiellen Störursache und die Existenz eines damit möglicherweise kausal zusammenhängenden Unglücksfalls für technikphilosophische Betrachtungen als Grundlage ausreichen.
- Die Existenz einer potentiellen Störursache durch die Problematik der logischen Verknüpfung mehrerer Signalgeber kann ohne genaue Spezifikation derselben nachgewiesen werden. Einzige Voraussetzung ist hierbei die Annahme der Abfrage mehrerer Signalgeber aus Redundanzgründen, welche zunächst als empirisch erwiesener Stand der Technik betrachtet wird.

In Hinblick auf die Bedingung minimalen Realismus ergibt die techniktheoretische Prüfung daher folgendes: Eine sachlich plausible bzw. wahrscheinliche mögliche Problemquelle (die potentielle Störursache logischen Ursprungs) UND das faktische Bestehen eines Problems (das Versagen sicherheitstechnischer Einrichtungen) sind hinreichend dafür, nach einer Elimination der plausiblen Störursache zu streben, auch wenn im Einzelfall nicht nachgewiesen werden kann, ob tatsächlich ein kausaler Zusammenhang vorliegt. In diesem Sinn sind alle plausiblen Störursachen eines realen Problems Teil unserer Realität.

Die Überprüfung des Fallibilismus im Sinne einer kritischen Einstellung ergibt: Bezüglich der Methoden des Standes der Technik, in diesem Fall der redundanten Zustandserfassung, wurden logische Grenzen und Mängel aufgezeigt. Es ist, im Sinne einer kritischen Einstellung, dieser vorausgesetzte Stand der Technik zu hinterfragen.

Stellte man die Verwendung redundanter Signalgeber als übliche Methode in Frage, so wären mögliche <u>weitere</u> Alternativen „Nur eine Signalgeberabfrage zur Freigabe", „Keine Signalgeberabfrage und permanente Freigabe", oder „Zusätzliche Möglichkeit der manuellen Überbrückung potentiell blockierter Freigaben". Unabhängig vom Usus des Standes der Technik bleibt jedoch die theoretische Möglichkeit der Verwendung redundanter Signalgeber bestehen. Diese drei beispielhaften Alternativen beseitigen daher nicht das Entscheidungsdilemma für die Auswahl der Signalgeber, sondern erhöhen die Anzahl der Schaltungsmöglichkeiten um drei.

Bei Nicht-Voraussetzung eines Redundanz verlangenden Standes der Technik wären die zu prüfenden Möglichkeiten beispielsweise dann: „Nur eine Signalgeberabfrage zur Freigabe", „Keine Signalgeberabfrage und permanente Freigabe", „Zusätzliche Möglichkeit der manuellen Überbrückung potentiell blockierter Freigaben", „Serielle Abfrage redundanter, physikalisch verschiedenartiger Abfragen", „Serielle Abfrage redundanter, physikalisch gleichartiger Abfragen", „Parallele Abfrage redundanter, physikalisch verschiedenartiger Abfragen", „Parallele Abfrage redundanter, physikalisch gleichartiger Abfragen", „(INT(n/2)+1)-aus-n–Auswahl der Abfrage redundanter, physikalisch verschiedenartiger Abfragen", „(INT(n/2)+1)-aus-n-Auswahl der Abfrage redundanter, physikalisch gleichartiger Abfragen".

Die grundsätzliche Problematik von 6.2.5, der gleichzeitige Erwerb eines logischen Nachteils bei der Entscheidung zu einem logischen Vorteil, und von 6.2.6, der subjektiven Festlegung der „als beste" erachteten Variante, bleibt jedoch auch unter dieser fallibilistischen Prüfung bestehen.

Die Kriterien der Objektivität und der Logik sind unter anderem auch aufgrund der Anwendung von logischen Methoden in Kap. 6.2 erfüllt und werden daher hier nicht mehr im besonderen geprüft.

Im Hinblick auf den Empirismus der techniktheoretischen Prüfung ergibt sich: Durch die Betrachtung der sicheren Automatisierungstechnik als logisches Artefakt und als Teilgebiet der Logik, welche sich mit formalen und abstrakten Strukturen beschäftigt, ist ein empirisch zugänglicher Gegenstandsbereich und dessen Auswertung in Teilen des techniktheoretischen Analyse- und Prüfungsverfahrens nicht zwingend erforderlich. Der in der Techniktheorie geforderte minimale Empirismus gilt für die Logik als Formalwissenschaft nicht. Bei der Erforschung potentieller logischer Probleme ist das Existieren eines faktischen Problems zwar nicht notwendig, doch die Irrtumswahrscheinlichkeiten technischer Regelsysteme und ihrer Teilkomponenten sind empirischer Natur und empirisch zu begründen. Daher hat das Verfahren der techniktheoretischen Prüfung der Sicherheit von Steuerungssystemen trotz seines auf weiten Strecken logischen Charakters auch klare empirische Anteile. Es ist durch Erfahrung belegt, dass Ausfälle der Signale oder der Signalgeber in der Peripherie viel wahrscheinlicher sind als Störungen der logischen Informationsverarbeitung der Steuerungseinheit. Es kann jedoch wegen der schlechten empirischen Zugänglichkeit bei den betrachteten Unglücksfällen nicht ausgeschlossen werden, dass die Störursache nicht in einem fehlerhaften Peripheriesignal und einer unglücklichen logischen Verarbeitung desselben lag, sondern in einem die Teilsysteme übergreifenden Hardwarefehler des redundanten Steuerungssystems begründet war.

Wenn dies, trotz Unwahrscheinlichkeit, bei den zitierten Unglücksfällen mit sicherheitsgerichteten Steuerungen der Fall gewesen wäre, dann gäbe es zwar das logisch hergeleitete Störpotential aus der Verschaltung redundanter Informationen, das faktische Problem wäre dem Störpotential als Realitätsbezug jedoch nicht mehr eindeutig zuzuordnen.

Abb. 3: SZ-Artikel zur Schubumkehr in Zusammenhang mit Warschauer Flugzeugunglück

Zweifel am Landesystem des 'Airbus-320'

Offenbar mitschuld an Warschauer Flugzeugunglück / Neue Landetechnik für Lufthansa-Piloten

Frankfurt/Braunschweig (AP) - Das computergesteuerte Landesystem des Airbus 320 ist offenbar mitverantwortlich für das Warschauer Flugzeugunglück vom 14. September gewesen. Die Lufthansa zog inzwischen Konsequenzen und wies ihre Airbus-Piloten an, unter bestimmten Bedingungen ein anderes Landeverfahren anzuwenden. Das teilte die Fluggesellschaft mit und bestätigte damit in diesem Punkt einen Bericht des ZDF-Magazins 'Frontal'.

Das Luftfahrtbundesamt erklärte, daß Schubumkehr und Spoiler des Lufthansa-Airbus erst mit neun Sekunden Verzögerung aktiviert wurden, weil die Logik des Flugzeugs nichts anderes zuläßt'. Welchen Anteil die verzögerte Bremswirkung neben Wetterverhältnissen, Zustand der Landebahn und Kommunikation zwischen Tower und Flugzeug an der Unglücksursache hatte, mochte der Leiter der Flugunfall-Untersuchungsstelle beim Luftfahrtbundesamt in Braunschweig, Peter Schlegel, nicht bewerten. Die verschiedenen Teiluntersuchungen müßten nun von den zuständigen polnischen Behörden zu einem Ergebnis zusammengeführt werden. Damit sei kaum mehr in diesem Jahr zu rechnen. Schlegel begrüßte es, daß die Lufthansa rasch auf Untersuchungsergebnisse reagierte habe. Eine grundsätzliche Änderung der Bestimmung schloß er nicht aus.

Wie Lufthansa-Sprecher Christian Klick erklärte, sind Airbus-Piloten jetzt angewiesen, bei der Landung auf regennasser oder rutschiger Fahrbahn zusätzlich sogenannter Störklappen auszufahren, um damit den Auftrieb zu brechen und die Maschine frühzeitig mit beiden Fahrwerken auf den Boden zu bringen. Nur wenn dies der Fall ist, gibt der Computer den Angaben zufolge Schubumkehr, Spoiler und Radbremsen frei. Bei der Bruchlandung in Warschau sei neun Sekunden lang nur ein Fahrwerk aufgesetzt gewesen, sagte der Sprecher und bestätigte die ZDF-Angaben. Bei dem Unglück des Lufthansa-Airbus waren zwei Menschen ums Leben gekommen und 45 verletzt worden. Unter den Toten war auch einer der beiden Piloten.

Der Flugzeughersteller Airbus hingegen sieht keinerlei Hinweis auf einen Systemfehler. Die Logik des Airbus-Landesystems, nach der vor Aktivierung von Umkehrschub und Bremsen erst beide Fahrwerke auf dem Boden sein müssen, sei als zusätzliche Sicherheitsvorkehrung in Konsequenz aus früheren Unglücken anderer Flugzeugtypen geschaffen worden, erklärte ein Firmensprecher.

Bei dem Absturz einer Maschine der Lauda-Air 1991 in Thailand, bei dem alle 233 Insassen umkamen, habe beispielsweise der Umkehrschub eingesetzt, als das Flugzeug noch in der Luft war. Dies werde mit dem Airbus-Landesystem verhindert. Darüber hinaus gebe es für die Airbus-Maschinen verschiedene Landeverfahren, sagte der Sprecher auf die Frage nach der Änderung bei Lufthansa. Airbus sehe keinen Anlaß, neue eigene Empfehlungen abzugeben.

7. Ethische Anforderungen

Was ist Technik-Ethik, welche Aspekte der weiten Disziplin „Ethik" sind für technikphilosophische Betrachtungen relevant? *„Der Gegenstand der Ethik ist also: moralisches Handeln und Urteilen."* (Pieper, 2003, S. 13)

Als drei klassische neuzeitliche allgemeine Begründungstypen der Ethik könnte man die der friedlichen Bedürfnisbefriedigung bzw. des friedlichen Zusammenlebens nach Hobbes (Pieper, 2003, S. 273), die der größtmöglichen Glückserfüllung der größtmöglichen Zahl von Menschen nach den Utilitaristen Bentham und J.St. Mill (Pieper, 2003, S. 270) und die des kategorischen Imperativs nach Kant (Pieper, 2003, S. 224) bezeichnen. Hinzu kommen Einzelbetrachtungen über Tugend, Normen, Sitten, Moral oder Glauben.

Wittgenstein zitiert in „Vortrag über Ethik" G.E. Moores Principia Ethica (Wittgenstein in Macho, 1996, S. 349): *„Die Ethik ist die allgemeine Untersuchung dessen, was gut ist."* Dies sei äquivalent mit: *„In der Ethik gehe es darum, den Sinn des Lebens zu erkunden, zu erforschen, was das Leben lebenswert macht."* (Ebenso, S. 350)
Wittgenstein bezeichnet dabei ethisch-moralische Werte als absolute Werturteile (z.B. das Verurteilen des Lügens), während er Werturteile, welche durch faktische Aussagen ausdrückbar sind, als relative Werturteile bezeichnet (S. 351). Er argumentiert weiter, dass ethische Werte aus Fakten nicht ableitbar sind. Ausführliches zum sogenannten Sein-Sollen-Problem, bzw. zu der Unmöglichkeit, mit rein logisch-deduktiven Mitteln vom Sein auf das Sollen bzw. von Fakten auf Werte zu schließen, findet sich in Schurz (1997).
Ein wissenschaftliches Buch, welches die gesamte Beschreibung der Welt umfasste, *„enthielte nichts, was wir ein ethisches Urteil nennen würden, bzw. nichts, was ein solches Urteil logisch implizierte."* (Wittgenstein in Macho, 1996, S. 351)

C.D. Broad bezeichnet „*Ethik im philosophischen Sinne* als die *wissenschaftliche Behandlung moralischer Phänomene*". Diese unterteilt er in moralische Urteile (z.B. Versprechen sind einzuhalten), moralische Emotionen, wie z.B. Reue, und moralisches Wollen, wie z.B. bei der Entscheidung für eine von mehreren Alternativen. (Stegmüller, 1965, S. 504)

Eine weitere Einteilungsmöglichkeit für ethische Positionen ergibt sich aus der erkenntnistheoretischen Unterscheidung zwischen moralphilosophischen Objektivisten und moralphilosophischen Subjektivisten. Erstere, wie Plato, Aristoteles, Thomas von Aquin, Leibniz, Kant, G.E. Moore, Max Scheler, Nicolai

Hartmann, u.a. bejahen die objektive Wahrheitsfähigkeit moralischer Normen. Diese seien vom Menschen erkennbar. Die moralphilosophischen Subjektivisten wie Epikur, Hobbes, Schopenhauer, Max Weber, J.L. Mackie, u.a. verneinen dies. Nach deren Überzeugung ist jegliche Moral vom Menschen konstruiert. (Stegmüller, 1989, S. 163)

Die kategorische Feststellung des moralphilosophischen Subjektivisten Mackie: *„Es gibt keine objektiven Werte."* (Stegmüller, 1989, S. 169) wird im übrigen heute auch von einem anderen Bereich, dem Sport, unterstützt: „Wertung im Sport ist die Beurteilung von Leistungen in solchen Sportarten, in denen es keine objektiven Ergebnisse in Form von erzielten Toren, Weiten, Zeiten usw. gibt." (Meyers Enzyklopädisches Lexikon, 1979, „Wertung")

Ein interessanter Ansatz ist die grobe Gliederung der Wissenschaftsethik in zwei Aufgabenbereiche (Meyers Enzyklopädisches Lexikon, 1979, S. 440, „Wissenschaftsethik"):
1. *„Die Reflexion auf die Verpflichtung, sich um die objektive, für jedermann nachvollziehbare Wahrheit zu bemühen"*, und
2. *„Die Anwendung allgemeiner ethischer Orientierungen auf die Probleme von wissenschaftlichem Wissen, besonders bezüglich der praktischen Folgen technischen Wissens".*
Diese Gliederungspunkte sind, als wissenschaftsspezifische Ausprägung einer allgemeinen Berufsethik gesehen, auch auf die technikphilosophische Ethik übertragbar.

Würde man die oben genannten Gliederungspunkte der Wissenschaftsethik allgemeingültiger für verschiedene Berufsgruppen formulieren, so könnte man die berufsethischen Pflichten definieren mit:
1. der Reflexion auf die Verpflichtung, nach bestem Wissen und Gewissen gemäß den Erkenntnissen des allgemein bekannten berufsspezifischen Entwicklungsstandes durchgeführte Arbeit anzustreben.
2. der kritischen Überprüfung beobachtbarer und potentieller Folgen der durchgeführten Arbeit auf Übereinstimmung oder Widerspruch mit ethischen und moralischen Grundsätzen.

Diese Erweiterung von der Wissenschaftsethik auf eine allgemeine Berufsethik lässt sich dann wieder auf den technischen Bereich anwenden: Die Technikethik ließe sich dann gliedern in:

1. die Reflexion auf die Verpflichtung, handwerklich und technisch saubere und nach bestem Wissen und Gewissen gemäß den Erkenntnissen des allgemein be-

kannten technisch-wissenschaftlichen Entwicklungsstandes durchgeführte Arbeit anzustreben.
2. die ethisch-kritische Überprüfung der potentiellen Folgen technisch-wissenschaftlicher Erkenntnis und Erfahrung sowie der durch eigenes Handeln bewirkten Verfügbarkeit technischer Produkte und Technologien.

Betrachtet man die drei Phasen wissenschaftlicher Projekte, erstens den Entstehungszusammenhang, in dem wissenschaftliche Aufgaben formuliert und definiert werden, zweitens den Begründungszusammenhang, in welchem Daten erhoben sowie Hypothesensysteme entwickelt und überprüft werden und drittens den Verwertungszusammenhang, in welchem die gewonnenen Erkenntnisse praktisch-technisch verwertet werden (Schurz, 2006, S. 45), so könnte man für den technisch-wissenschaftlichen Bereich die Projektphasen in Entstehungszusammenhang, Konstruktionszusammenhang, Fertigungszusammenhang und Verwertungszusammenhang einteilen.

Im Entstehungszusammenhang werden technische Aufgaben formuliert und definiert, im Konstruktionszusammenhang Prototypen konstruiert, im Fertigungszusammenhang die Null-Serie und fehlersichere Produktionsanlagen entwickelt, im Verwertungszusammenhang die erstellten Produkte oder Produktionsanlagen verwendet oder verkauft.

Die Frage der Verpflichtung zu sauberer und umsichtiger ingenieurtechnischer Arbeit ist meist dem Konstruktions- und dem Fertigungszusammenhang zuzuordnen, kann aber durchaus auch von Bedeutung bei technisch-wissenschaftlichen Vorbereitungsarbeiten im Rahmen des Entstehungszusammenhanges oder bei einer weiteren Produktintegration im Verwertungszusammenhang sein.
Die ethisch-moralische Betrachtung der Folgen des technischen und wissenschaftlichen Tuns sind hingegen vorwiegend auf den Verwertungs- und den Entstehungszusammenhang anzuwenden.

7.1 Die Frage der ethischen Pflicht zu technisch-wissenschaftlich „sauberer und professioneller" Arbeit

Was kennzeichnet ingenieurtechnische Arbeit mit hohem Qualitätsniveau? Diese beinhaltet unter anderem die systematische, logisch und sachlich richtige und ideologisch ungefilterte Erfassung und Verarbeitung wissenschaftlicher und technischer Erkenntnis, um diese zur Erfüllung einer gegebenen Aufgabenstellung in kreativer Art einzusetzen, um dann die entstandene technische Schöpfung unter Anwendung umfassender, objektiver und systematischer wissenschaftlich-technischer Testmethoden bezüglich der Zulänglichkeit, Notwendigkeit und Fehlerfreiheit zu testen und zu optimieren.

Besteht eine ethische Pflicht zur Erfüllung dieser ingenieurtechnischen Qualitätsansprüche? Oder besteht eine ethische Pflicht zur Erfüllung subjektiv erkannter Qualitätsmaßstäbe?

Hierbei soll in beiden Fällen vorausgesetzt werden, dass bei vorheriger ethischer Analyse des Entstehungs- und des Verwertungszusammenhanges keine Zweifel bezüglich des zu realisierenden Projektes entstanden sind.

Die Maßstäbe zur Überprüfung der Arbeitsqualität in einem technischen Projekt sind an der Leistungsfähigkeit der technischen Konstruktion und am Aufwand zur Erreichung des Ziels und damit am technischen und wirtschaftlichen Ergebnis anzulegen und sollen nicht Gegenstand dieser Betrachtung sein. Jedoch ist die Geisteshaltung, die Einstellung zur Bewältigung einer Aufgabe, ein wesentlicher Bestandteil für Erfolg oder Misserfolg eines Projektes. Das soll an dieser Stelle als empirisch belegt betrachtet werden.

Liefert dies, zusammen mit der vorausgesetzten generellen ethischen Akzeptabilität des technischen Projektes bezüglich des Entstehungs- und Verwertungszusammenhanges, einen objektiven Grund für die ethische Pflicht, in seiner Arbeit gemäß subjektiven Maßstäben nach hoher Qualität zu streben? Dies ist zwar der Fall. Vermutlich liegt hier aber im Wittgensteinschen Sinn kein absolutes, sondern lediglich ein relatives Werturteil vor. Denn die ethische Pflicht zur Erfüllung subjektiv erkannter Qualitätsmaßstäbe ergibt sich aus den empirischen Tatsachen nur unter Voraussetzung der generellen ethischen Akzeptabilität des technischen Projektes. Es liegt somit ein Zweck-Mittel-Schluss im Sinne von Schurz (2006, S. 41) vor.

Die persönliche Anstrengung zu guter Arbeitsqualität kann darüber hinaus auch ein bedeutender Faktor zur Sinnerfüllung des Lebens sein, da neben der positiv stimulierenden und stabilisierenden Existenz eines Zieles auch die Wahrscheinlichkeit eines positiven feedbacks in Form des beruflichen Erfolgs steigt. Dies wäre ein subjektiver Grund für die Selbstverpflichtung zu professioneller Arbeit gemäß eigener Maßstäbe. Durch das Hinarbeiten auf ein sinnerfülltes Arbeitsleben würde das Ziel der Ethik im G.E. Moore'schen Sinne unterstützt werden.

Da die Wertung „sinnerfülltes Leben" per se subjektiv ist, entspricht die Motivation für eine ethische Pflicht zu hoher Arbeitsqualität dem Standpunkt der moralphilosophischen Subjektivisten. Dabei ist es nicht unbedingt entscheidend, ob die Qualität der getätigten Arbeit nur subjektiv gut ist oder auch objektiv den technisch-wissenschaftlichen Standards entspricht.

Da die meisten technischen Projekte einen größeren Kreis von Mitarbeitern beschäftigen, ist es auch vom sozialen und moralischen Standpunkt geboten, nicht zu Lasten seiner Mitarbeiter oder Kollegen professionelle Arbeitsqualität zu verneinen oder zu vernachlässigen. Die ethische Pflicht zu objektiv ingenieurtechnisch-wissenschaftlich qualitativer Arbeit folgt aus der moralischen Verurteilung, zu Lasten anderer eigene Anstrengungen zu vernachlässigen, respektive aus dem moralischen Wollen, ein tragender und kein belastender Baustein innerhalb eines Projektteams zu sein.

Da das „Schmarotzertum" allgemein moralisch geächtet wird und sich dieses Empfinden auf statistisch erfassbare Aufwendungen eines Lebens auf Kosten der Gemeinschaft stützt, neigt man dazu, dies als objektivistisches moralisches Urteil einzuordnen.

Da dieses Phänomen sich jedoch auch in der natürlichen Evolution (z.B. Kuckucksei) bewährt hat, kann man mögliche positive symbiotische Effekte von vorne herein nicht ausschließen. Das schwächt den Glauben an die objektive Schädlichkeit dieses Verhaltens und damit auch die Position der Objektivisten. Daher wird dieser Fall ambivalent gesehen und nicht eindeutig moralphilosophisch objektivistisch beurteilt.

7.2 Die Anwendung allgemeiner ethischer Orientierungen auf die Probleme von technisch-wissenschaftlicher Erkenntnis

Die Anwendung ethischer Richtlinien auf die Auswahl technischer Projekte und auf die Verwendung und Verwertung technischer Produkte und technisch-wissenschaftlicher Erkenntnis ist ein weites Feld, in welchem technische, wissenschaftliche, kaufmännische und politische Sichtweisen und Motivationen zusammentreffen. Entscheidend ist hier der Vergleich der Auswirkungen eines technischen Projektes mit den Werten, welche bestimmend für die moralische und ethische Orientierung sind.

Wittgenstein sagt in „Die unsinnige Frage nach dem Guten, Vortrag über Ethik" (Wittgenstein in Macho, 1996, S. 353): *"Nun wollen wir einmal schauen, was wir möglicherweise unter dem Begriff ‚die absolut richtige Straße' verstehen könnten. Ich nehme an, es wäre die Straße, die jeder, der sie erblickte, mit logischer Notwendigkeit gehen müsste; ginge er sie nicht, müsste er sich schämen. Das gleiche gilt für das absolut Gute; wäre es ein beschreibbarer Sachverhalt, müsste ihn jeder – unabhängig von seinen jeweiligen Vorlieben und Neigungen – notwendig herbeiführen oder sich schuldig fühlen, weil er ihn nicht herbeiführt."*

Unabhängig von dem Zweifel Wittgensteins an der Existenz des „absolut Guten" ist die „logische Notwendigkeit" für spezifisches ethisches Handeln aus dem Erkennen ethischer Werte maßgeblich. Worauf sich diese Erkenntnis stützt, soll dabei zunächst nicht betrachtet werden.
Ethik wird hier durch als richtig erkannte Werte und die Notwendigkeit der logischen Anwendung bestimmter Maßnahmen zum Erreichen dieser Werte gekennzeichnet. Dies unterscheidet sie von der Religion, da das Hinarbeiten auf ein Fernziel, wie ewiges Leben, Entrinnen vor dem Fegefeuer mittels diesseitiger Entsagung, zwar durch den Glauben, aber nicht durch irdische Logik begründbar ist.

Akzeptiert man die Wittgensteinsche Sicht der Nicht-Herleitbarkeit absoluter Werturteile, so wären diese, ähnlich den biblischen 10 Geboten, autoritär zu definieren. Als solch ein absoluter Wert könnte die Unantastbarkeit menschlichen Lebens gelten, die Achtung der Natur, das Anerkennen von für jedermann geltenden Gesetzen. Unter der Prämisse der Gültigkeit dieser absoluten Werte, welche Anforderungen folgen für die Erfüllung dieser Normen an die Betreiber und Kreateure der technischen Entwicklung und wie sind diese Anforderungen einzuordnen?

Definiert man die Anforderungen als „Ethische Anforderungen an die Technik", so sind diese in etwas abstrakter Form als die „Forderung von Humanität und Vermeidung von Inhumanität an die Technik Betreibenden und an die technisches Treiben Verantwortenden bezüglich der Folgen ihres Wirkens" beschreibbar.
Humanität muss hierbei nicht nur Schutz des Lebens, sondern auch soziale Geborgenheit sowie die Bewahrung einer gesunden, natürlichen und damit menschlichen Umgebung bedeuten.
Bei der Konkretisierung des Weges zum Erreichen dieses Ziels ist es nicht ausreichend, ökonomische, rechtliche oder technische Aspekte unter ethischen Gesichtspunkten isoliert zu betrachten, denn es überschneiden sich gegebenenfalls technische, moralische, ökonomische und politisch-rechtliche Aspekte und treten dann zueinander in Konkurrenzbeziehungen. Beispiele sind:

* Moral versus Ökonomie: Wachsende Automatisierung zerstört Arbeitsplätze, erhält aber die Konkurrenzfähigkeit eines durch relativ hohen sozialen Frieden gekennzeichneten Hochlohnlandes.
* Ökonomie versus Technik: Sicherheit muss bezahlbar sein.
* Technik versus Friedenspolitik: Riskantere Technik, wie Atomkraft, schafft ein höheres Maß an Friedenssicherheit im Hinblick einer verminderten Erpressbarkeit durch Erdöl- und Erdgasexportierende Länder.
* Ökologische Aspekte versus ökologische Aspekte: Die Atomkraft wurde von vielen Wissenschaftlern in den 60er Jahren vorangetrieben, weil schon damals die Klimaproblematik durch überhöhten CO_2-Ausstoß vorausgesehen wurde und die Atomenergie zunächst von vielen als Mittel der Ökologie gesehen wurde.
....

Die Unantastbarkeit menschlichen Lebens, der man die höchste Priorität zuordnen muß, ist nicht nur durch technische Fehlschläge, sondern auch durch soziale Unruhen, Krieg und Unterversorgung gefährdet.

Robert Spaemann schreibt, zur Lösung moderner Probleme müssen theologische und philosophische Argumentationen in *„ihrer abstraktesten und allgemeinsten Form"* herangezogen werden (Spaemann,1991, S. 180).
Jedes zweckgerichtete Handeln bringt Nebenwirkungen hervor. Wir können solches Handeln nur akzeptieren, wenn die Summe aller Wirkungen und Nebenwirkungen mit den vereinbarten absoluten ethischen Werten vereinbar ist. Nebenwirkungen sind bekannte und unbekannte unerwünschte Wirkungen.

Ethische Pflicht kann allerdings nicht die Vermeidung von Nebenwirkungen sein, da es nebenwirkungsfreies Handeln nicht gibt. Dies schließt auch Nichthandeln als Form des Handelns mit ein. Eine Bewertungsmöglichkeit für die Erfassung der konkurrierenden Wirkungen wäre ein einheitliches Vergleichsmaß, welches die Summe aller Einzeleffekte, erwünschte Resultate mit positiven und unerwünschte Effekte mit negativen, jeweils gewichteten Werten normiert bewerten ließe. Die unter ethischen, sozialen und politischen Maßstäben anzustrebende Variante von zweckgerichtetem Handeln und akzeptierten Nebenwirkungen wäre dann diejenige mit dem besten „Benchmarking", allerdings bei Begrenzung jeder einzelnen negativen Komponente durch einen, über die absoluten Normen zu definierenden, maximalen akzeptierbaren Schaden.

Aus diesen Überlegungen folgern wir: Nicht nur die Herleitung ethischer Normen aus Fakten ist, siehe Wittgenstein, problematisch. Auch die logische Notwendigkeit spezifischen ethisch richtigen Handelns infolge einmal anerkannter ethischer Normen ist auf Grund der Komplexität der Wirkungen nicht immer eindeutig bestimmbar.
.

7.2.1 Soziale Aspekte für das Individuum

Eines der höchsten individuellen Güter des Menschen wird mit dem Begriff „Freiheit" beschrieben. Die Bedeutung dieses Begriffes ist zwar in hohem Maße individuellen, situations- und kontextabhängigen Variationen unterworfen, wird aber im allgemeinen als Freiheit zur Gestaltung des Lebens verstanden.
Die Grundlage ethischen oder sittlichen Handelns liegt zum einen in der Erkenntnis und zum anderen in der Entscheidung hierzu, welche im wesentlichen durch die Handlungsfreiheit begründet wird.

Technische Entwicklungen haben den Freiraum des durch die Natur bedrängten Menschen häufig vergrößert: Steigerung der Bewegungsfreiheit durch die Erfindung des Rades und die Erfindung schwimmender Hohlkörper, der Wahlfreiheit in der Ernährung durch verbesserte Jagdtechniken, etc. Spätestens seit der industriellen Revolution wird jedoch auch der Gedanke der Unfreiheit oder der Unterwerfung durch Technik verbreitet.

Den Arbeitern "der wenigen Handgriffe" , am Fließband oder im Akkord, wurde durch die Degradierung vom ganzheitlich beurteilenden und wählenden Menschen zum periodisch bewegten „Mechanikersatz", in der Zeit dieses Arbeitseinsatzes ethisches Handeln unmöglich gemacht. Diese Reduktion der Lebensgestaltungsmöglichkeiten wurde unter anderem von den Sozialphilosophen der Frankfurter Schule aufgegriffen. *„Wer dem Menschen die Gestaltungsfreiheit des Lebens nimmt, macht ihn zum Mittel zum Zweck."* (Habermas, 1968, S. 90)

Nicht zuletzt durch die um sich greifende Automatisierung ist diese deutliche Art der industriegesellschaftlichen "Entfremdung" stark abgemindert worden. Die verschiedenen Arten des "Freiheitsgewinns" reichen von der Freisetzung von Routineaufgaben, etwa durch die Übernahme wiederholbarer Bewegungen durch Roboter, bis zur Freiheit der Realisierung von Prozessen, die bisher nur als Ideen oder theoretische Konzepte bestanden, wegen der fehlenden Wiederholgenauigkeit von Steuerungs- oder Regelungsaufgaben jedoch nicht in die Realität umgesetzt werden konnten.

Allerdings werden auch qualifiziertere Aufgaben von automatischen Anlagen übernommen, die vom ausführenden Menschen beispielsweise eine handwerkliche Ausbildung und die Fähigkeit zur Begutachtung von Material und Form verlangen, aber von Maschinen schneller und mit höherer Wiederholgenauigkeit der Produktqualität gefertigt werden können.
In diesem Fall wird die Automatisierung zu Lasten des handwerklichen Könners und zu Gunsten des Konsumenten eingeführt, wobei letzteres indirekt stabilere wirtschaftliche Bedingungen und damit auch ein stabileres soziales Umfeld bewirkt. So lässt sich zu den oben beispielhaft genannten konkurrierenden Werten ein neues Paar hinzufügen:
* Individuelle Humanität versus soziale Humanität.

Neben dem Ersetzen manueller Tätigkeit und dem Erschließen von Gebieten mit komplexeren Anforderungen an die Steuerungs- und Regelungstechnik schafft die Automatisierungstechnik ein neues Aufgabengebiet durch Projektierung, Implementierung, Wartung und Modernisierung ihrer selbst.
Norbert Wiener, als einer der geistigen Väter der industriellen Automatisierung, hat diese Entwicklung gemäß seinem Manuskript bereits im Herbst 1944 in bemerkenswerter Weise vorausgesehen (Wiener, 1954, S. 248):

"Die automatische Fabrik musste unweigerlich neue soziale Probleme hinsichtlich der Beschäftigung aufwerfen, und ich war keineswegs sicher, die Antworten auf diese Fragen zu wissen. Es würde zu einer ungeheuren Neuverteilung der Arbeitskräfte auf verschiedenen Ebenen kommen. Wenn der Mensch mechanisch verwendet wird, einfach als eine untergeordnete Art von Schalt- oder Entscheidungsmechanismus, droht die automatische Fabrik ihn vollkommen durch mechanische Kräfte zu ersetzen.

Andererseits schafft sie neuen Bedarf an hervorragend geschickten Fachkräften, die in der Lage sind, den Arbeitsablauf am zweckmäßigsten zu organisieren. Sie wird ferner einen Bedarf an Störungssuchern und Instandhaltungstrupps mit besonders guter Ausbildung schaffen. Wenn diese Veränderung des Arbeitskräftebedarfs sich aufs Geratewohl und ungeordnet vollzieht, kann uns die größte Periode der Arbeitslosigkeit bevorstehen, die wir je erlebt haben."

7.2.2 Globale soziale Aspekte

Die sozialen Auswirkungen der industriellen Automatisierung werden durch die Verlagerung von Arbeitsplätzen vom Produktions- in den Dienstleistungssektor sowie die signifikante Steigerung der Produktivität maßgeblich beeinflusst. Letztere hat sich in den Industrienationen im letzten Jahrhundert im 2- bis 3-stelligen Bereich vervielfacht und trägt auch in wesentlichem Maße zum Erhalt des sozialen Friedens bei.

Inwieweit ist es „ethisch" zu rechtfertigen, durch die hohe Konkurrenzfähigkeit automatisierter Anlagen den sozialen Frieden in den Industrienationen und dies zu Lasten der Entwicklungsländer aufrecht zu erhalten?

Könnten wir argumentieren, dass die Industrienationen als Pioniere den Weg in eine bessere, von Energie-, Umweltbelastungs- und Nahrungsproblemen weitgehend befreite Welt erforschen, die im Einklang mit der Natur steht? Es ist für die Formulierung ethischer Pflichten für den Techniker vermutlich irrelevant, ob diese Einschätzung realistisch ist oder purer Hybris entspringt.

Primär die Industrienationen sind in der Lage, intelligente Verfahren zur Entlastung des übervölkerten Planeten zu entwickeln. Dies soll nicht Rechtfertigung für den bisher teilweise verschwenderischen Umgang mit natürlichen Ressourcen sein, sondern als ethische Pflicht zu raschem Handeln gesehen werden, letztere in Form von Erfindung und Umsetzung intelligenter und umweltverträglicher Verfahren.

Hierzu drängt die Zeit, da wir es uns aus Gründen der Rohstoffversorgung und Abfallentsorgung nicht leisten können, dass die anderen Länder denselben Entwicklungsweg beschreiten wie die heutigen Industrienationen. Aus diesem Grund ist die Beschleunigung technischer Entwicklung durch die Anwendung von Automatisierungstechnik ethisch positiv zu werten.

7.2.3 Moralphilosophische Aspekte

In der Vergangenheit, insbesondere bis zum 19. Jahrhundert, lag das Augenmerk der Ethik eher *"auf der sittlichen Qualität des augenblicklichen Aktes selber"* (Jonas, 1979, S. 8) und weniger auf eventuellen Fernfolgen oder einer globalen Ausdehnung der Verantwortung.
Die Welt wurde in ihrer Natur als konstant betrachtet. Die ethischen Ziele waren an den Menschen und in der Nähe von Zeit und Raum orientiert. *"Der lange Lauf der Folgen war dem Zufall, dem Schicksal oder der Vorhersehung anheimgestellt."* (Jonas, 1979, S. 23)

Der Marxismus hingegen, als die bedeutendste Ethik des vergangenen Jahrhunderts, beinhaltete eine globale Zukunftsaussicht und eine Utopie unter Verwendung der Technik als Mittel für deren Realisierung. Er war zur großen Versuchung der Menschheit geworden, da er unbescheidene, idealistische und utopische Ziele mit Hilfe der Technik scheinbar umzusetzen in der Lage gewesen war. Hiermit wurde auch die Notwendigkeit moralisch-ethischer Betrachtungen wegen der Fernwirkungen menschlichen Handelns evident.
Ein anschauliches Beispiel ist die Beinahe-Austrocknung des Aralsees, des einst fünftgrößten Sees der Erde, durch zu große Bewässerungsprojekte.

Die zyklische Folge von technischem Wirken, dessen Nebenwirkungen und abermaliger technischer Aktion zum Eindämmen der Nebenwirkungen wird von Jonas beschrieben: *"Die kumulative Selbstfortpflanzung technologischer Veränderung der Welt überholt fortwährend die Bedingungen jedes ihrer beitragenden Akte und verläuft durch lauter präzedenzlose Situationen..."* (Jonas, 1979, S. 28).
Die aus dieser Präzedenzlosigkeit resultierende *"Kluft zwischen Kraft des Vorherwissens und Macht des Tuns"*, welche sich in unvorhergesehenen kumulativen Effekten demonstriert, zusammen mit der globalen Tragweite technischer Entwicklungen, birgt ein so großes Risikopotential, dass vom ethischen Standpunkt Nichthandeln geboten wäre, wenn das Risiko des Nichthandelns aufgrund der globalen Bevölkerungsdichte nicht noch risikoreicher wäre.
Das Einschließen des Nichthandelns in den Verantwortungsbereich des Handlungsfähigen entspringt im übrigen einer neuzeitlichen, praxisbezogenen Denkweise (Spaemann, 1991, S. 192). Für Thomas von Aquin dagegen war bei Zweifeln bezüglich der eindeutigen Richtigkeit des Handelns dessen Unterlassung stets ein legitimer Ausweg; derjenige, der sich der aktiven Handlung verweigere, sei schließlich für den Zustand der Welt nicht verantwortlich.

Nun müsste gemäß Hans Jonas die Summe der Nebenwirkungen *"im Willen der Einzeltat mitgewollt sein, wenn diese sittlich verantwortlich sein soll"* (Jonas, 1979, S. 28), was jedoch bei der Komplexität und partiellen Unabwägbarkeit mancher Fern-Nebenwirkungen meist nicht möglich ist und bei strenger Anwendung die technische Evolution beenden würde.

Robert Spaemann sagt hierzu (Spaemann, 1991, S. 190): „*Für den Staat gilt nicht, wie für das Individuum, dass das Handeln nur durch partielle Blindheit gegen entferntere Folgen ermöglicht wird. Der Staat hat, im Gegensatz zum Individuum, die Pflicht, so weit zu sehen, wie es unter Zuhilfenahme aller in einer bestimmten Epoche zur Verfügung stehenden Mittel möglich ist.*"

Der Staat kann zwar mehr Expertenwissen organisieren und für sich arbeiten lassen als ein Individuum, aber die in der Chaostheorie formulierte Problematik der Bestimmung von Fernwirkungen durch unbestimmbare kleine Einflüsse bleibt dennoch bestehen.

Daher wird hier gefolgert: Handeln ist im allgemeinen nur durch partielle Blindheit gegen entferntere Folgen möglich. Daher wird hier weiter gefolgert: Auch bei rein ethisch und moralisch motiviertem Handeln nach bestem Wissen und Gewissen sind unerwünschte Fernfolgen und Nebenwirkungen nicht auszuschließen.

Bemerkenswert ist die von Jonas vorgeschlagene erste Pflicht der Zukunftsethik (Jonas, 1979, S. 64), welche für ihn die "Beschaffung der Vorstellung von den Fernwirkungen" bedeutet. Die ernsthafte Realisierung eines solchen Unterfangens wäre auch ein technologisches Großprojekt.

8. Resümee

8.1 Zusammenfassung wichtiger Aussagen

- Analog zu Wissenschaftsphilosophie und Wissenschaftstheorie sollte eine Techniktheorie-basierte Technikphilosophie betrieben werden. Dies wird am Beispiel der Automatisierungstechnik, speziell anhand sicherheitsgerichteter und redundanter Aufgaben, dargelegt.
- Die Methode der rationalen Rekonstruktion der Wissenschaftstheorie ist auf die Techniktheorie übertragbar (s. 3.2).
- Die Technik-Methode oder Hilfstechnik „Automatisierungstechnik" ist ein logisch-numerisches Kontrollinstrument für technische Abläufe (s. 4.1).
- Die Relevanz logischer Regeln bei Programmgestaltung und -entwurf einerseits und die soziologische und ethische Bedeutung der Automatisierung andererseits schaffen einen wichtigen Bezug zwischen Automatisierungstechnik und Philosophie (s. 4.2).
- Die Mindestanforderung an den Funktionsumfang eines Automatisierungssystems ist die Beherrschung der Negation, der Konjunktion, der Disjunktion, der Klammerregeln sowie von Zeit- und Zählfunktionen (s. 5.2).
- Es wurden Beispiele der Programmdarstellung in „Anweisungsliste", „Kontaktplan" und „Funktionsplan" dargelegt.
  Da Programmschritte durch Äquivalenzen der Aussagenlogik repräsentiert werden können, wurde gezeigt, dass die Regeln des Äquivalenzkalküls der Aussagenlogik in Programmiersprache darstellbar sind.
  Beim Entwurf integrierter Bausteine gibt es Grenzen der sinnvollen Standardisierung (s. 5.3).
- Im Gegensatz zu Steuerungen ist bei Regelungen das Ergebnis nicht determinierbar; Sicherheitstechnik ist hier durch zusätzliche Steuerungstechnik, wie Grenzwertabfragen, zu gewährleisten (s. 5.6).
- Es zeigt sich, dass ein Theorem über die Wahrscheinlichkeitserhöhung unabhängiger Evidenzen, zusammen mit der Anwendung der De Morgan-Regeln, zu der Forderung nach Parallelschaltung (Disjunktion) redundanter, Zusatznutzen bringender Komponenten und nach serieller Schaltung (Konjunktion) nützlicher schadenverhindernder Komponenten führt (s. 5.7).
- Die Funktionsprinzipien verschiedener sicherheitsgerichteter Steuerungssysteme wurden vorgestellt: Der Parallele Doppelrechner mit Selbstüberwachung für erhöhte Verfügbarkeit, der serielle Doppelrechner mit robuster Vergleichsfunktion für erhöhte Sicherheit, der 3-fach-Rechner mit 2-

aus-3-Auswahl mit robuster Vergleichsfunktion und erhöhter Verfügbarkeit, optional mit Selbstüberwachung (s. 5.8).
- Vom Programmierer und Inbetriebnehmer logischer Funktionen wird nicht nur logische Intelligenz, sondern ebenso soziale Kompetenz und Verantwortungsbewußtsein für die Funktion des Verfahrens, nicht nur seines Programmes, verlangt (s. 5.9).
- Widersprüche durch interpretatorische Fehler oder durch mengentheoretische Paradoxien sollten, wie auch Programmierfehler, bei hinreichend sorgfältiger Arbeitsweise vermeidbar sein (s. 6.1).
- Verschiedene Arten der logischen Architektur (seriell, parallel, 2-aus-3), sowohl redundanter Rechnersysteme als auch redundanter Signalgeber, haben verschiedene Vor- und Nachteile. Insbesondere bei letzteren ist die subjektive Entscheidung für ein als bestes bewertetes System nötig, da Vorteile auf einer Seite stets mit Nachteilen auf einer anderen Seite „erkauft" werden; Sicherheitstechnik birgt, logisch begründbar, Risiko. Die sogenannte „Selbstüberwachung" in Form intelligenter Testroutinen würde ihrem Namen nur bei der Realisierung ringförmiger Überwachungsstrukturen gerecht werden. Hierarchische Strukturen, welche sich als flexibler bezüglich Änderungen des Umfangs der Peripherie und damit als praxisgerechter erweisen, sind aufgrund des hierarchischen Prinzips nicht 100% selbstüberwachend (s. 6.2).
- Die techniktheoretische Prüfung der „logischen Grenzen redundanter Zustandserfassung", in den Punkten Realismus, Fallibilismus, Objektivität, Logik und Empirie, ließ zwar Probleme bei der Empirie erkennen, diese ergaben jedoch kein „KO-Kriterium" für die vorangehenden Betrachtungen und Schlüsse (s. 6.3).
- Es gibt objektive und subjektive Gründe für die ethische Pflicht zu technisch-wissenschaftlich „sauberer und professioneller" Arbeit (s. 7.1).
- Ethische Werte sind nicht aus Fakten herleitbar. Sie sind eher konventionell, subjektiv oder intersubjektiv festzulegen. Aufgrund der Komplexität technischer Wirkungen, Nebenwirkungen und Fernwirkungen bedeutet die Mehrerfüllung eines ethischen Wertes häufig die Mindererfüllung eines anderen. Technisches Handeln scheint nur bei partieller Blindheit gegenüber entfernteren Folgen möglich zu sein (7.2).

8.2 Thesen und Perspektiven

- Aufgrund standardisierter Komponenten und Werkzeuge ist industrielle Steuerungstechnik im wesentlichen angewandte Logik und Arithmetik. Funktion und Darstellung sind herstellerübergreifend weitgehend optimiert.
- Es werden, insbesondere in Bereichen mit häufiger Optimierung bekannter Technologien, weitergehende Bemühungen um die Standardisierung integrierter Funktionsbausteine erwartet. Hiermit soll sowohl die Wiederholung bekannter Programmfehler vermieden als auch die Nachvollziehbarkeit des Programmentwurfs durch Dritte gefördert werden. Die Grenzen eines sinnvollen Integrationsgrades von Standardfunktionen sollten beachtet und gegen die Nachteile einer verminderten Flexibilität abgewogen werden.
- Das Bewusstsein der Beteiligten für die Unterscheidung von „Erhöhter Verfügbarkeit" und „Erhöhter Sicherheit" muß geschärft werden.
Dies gilt auch für das Verständnis für Sicherheitsgrenzen von Regelkreisen und die gegebenenfalls notwendigen Sicherheitsmaßnahmen durch zusätzliche Steuerung.
- Die kommunikativen und organisatorischen Fähigkeiten aller an einem Automatisierungsprojekt Beteiligten sollten ständig gefördert und gefordert werden. Es birgt Gefahren, Programmierer ungestört in Nischen arbeiten zu lassen.
- Das Verständnis für vermeintlich logische Widersprüche durch ungenaue Prämissenformulierungen, interpretatorische Fehler o.ä. muß erhöht werden. Dies gilt auch für mathematisch-logische Widersprüche aus definitorischen Grenzfällen wie Russell-Paradox oder Zirkelfehler, aber auch für mathematisch-programmtechnische Fehler wie Division durch Null oder Adressierung eines nicht vorhandenen Zieles.
- Die Aufmerksamkeit der verantwortlichen Planer und Betreiber ist auch auf die Vor- und Nachteile verschiedener logischer Architektur von redundanten Anordnungen zu lenken. Dies schließt ein, dass die logisch begründbaren Unsicherheiten einer Sicherheitstechnischen Anordnung bereits im Planungsstadium dargelegt werden.
- Die Motivation zu technisch-wissenschaftlich sauberer, professioneller und umsichtiger Arbeit ist in den an einem technischen Projekt Mitarbeitenden zu wecken.
- Glaubhafte ethische Motive sind für technische Projekte zu vermitteln. Die unvermeidbare Schädigung anderer ethischer Ideale ist gegen die Schäden des Nichthandelns abzuwägen und ist mit einem maximal akzeptierbaren Grenzrisiko zu vergleichen.

Dies ließe sich als „emanzipierter" Umgang mit der Technik beschreiben, welcher die Handlungsfähigkeit des Menschen im Zeitalter kumulierender globaler Probleme bewahren soll.

9. Literaturverzeichnis:

George **Basalla**
The Evolution of Technology
(Dep.of History, Univ. of Delaware)
Cambridge University Press, Cambridge/New York, 1988

Hans **Berger**
Automatisieren mit STEP7 in AWL
Siemens Aktiengesellschaft, Berlin und München
Publicis-MCD-Verlag, Erlangen, 1996

Eberhard **Bergmann**, Helga Noll
Mathematische Logik mit Informatik-Anwendungen
Heidelberger Taschenbücher, Band 187, Sammlung Informatik
Springer Verlag Berlin/Heidelberg/New York, 1977

Ernst **Bloch**
Das Prinzip Hoffnung
Suhrkamp Verlag, Frankfurt, 2.Auflage, 1959

Luc **Bovens** und Stephan **Hartmann**
Bayesianische Erkenntnistheorie
mentis, Paderborn, 2006

Louis **De Vries,** Theo M. Herrmann
English-German Technical Engineering Dictionary
McGraw-Hill Book Company, New York, 1972

Arnold **Gehlen**
Philosophische Anthropologie
Aufsatz in Meyers Enzyklop.Lexikon in 25 Bänden, Band 2, S. 312-317
Bibliographisches Institut, Mannheim/Wien/Zürich, 1971

Jürgen **Habermas**
Technik und Wissenschaft als Ideologie (Originalausgabe 1968)
8. Auflage, edition suhrkamp, 1976

Derek J. **Hatley,** Imtiaz A. Pirbhai
Strategies for Real-Time System Specification
Dorset House Publishing, New York, 1987

Steffen **Hölldobler**
Logik und Logikprogrammierung, 2. erweiterte Auflage
Synchron Wissenschaftsverlag der Autoren, Synchron Publishers GmbH, Heidelberg, 2001

Hans Heinz **Holz**
Aufsatz über Ernst Blochs „Das Prinzip Hoffnung, 1959", in:
Christof Hubig, Alois Huning, Günther Ropohl: Nachdenken über Technik, S. 89-92
Edition Sigma, Berlin, 2000

Hans Heinz **Holz,**
Aufsatz über Herbert Marcuses „Der eindimensionale Mensch,
Studien zur Ideologie der fortgeschrittenen Industriegesellschaft, 1964", in:
Christof Hubig, Alois Huning, Günther Ropohl: Nachdenken über Technik, S. 252-257
Edition Sigma, Berlin, 2000

Christof **Hubig**
Historische Wurzeln der Technikphilosophie, in:
Christof Hubig, Alois Huning, Günther Ropohl: Nachdenken über Technik, S. 19-40
Edition Sigma, Berlin, 2000

Alois **Huning**
Aufsatz über Ernst Kapps „Grundlinien einer Philosophie der Technik.
Zur Entstehungsgeschichte der Cultur aus neuen Gesichtspunkten, 1877", in:
Christof Hubig, Alois Huning, Günther Ropohl: Nachdenken über Technik, S. 205-208
Edition Sigma, Berlin, 2000

Hans **Jonas**
Das Prinzip Verantwortung
Insel Verlag Frankfurt, New Rochelle (New York), 1979

Immanuel **Kant**
Vorlesungen über Enzyklopädie und Logik, Band1
(Anmerkung: Vorlesungen 1755 – 1796 in Königsberg)
Akademie Verlag, Berlin, 1961

Hans **Lenk**
Pragmatische Philosophie
Hoffmann & Campe Verlag Hamburg, 1975

Hans **Lenk**
Zur Sozialphilosophie der Technik
Suhrkamp Verlag stw414, Frankfurt, 1982
Hans **Lenk**, Simon Moser
Techne, Technik, Technologie. Philosophische Perspektiven
Verlag Dokumentation, Pullach, 1979

Herbert **Marcuse**
Industrialisierung und Kapitalismus im Werk Max Webers (1964), in:
Herbert Marcuse, Schriften, Band 8
(Aufsätze und Vorlesungen 1948-1969)
Suhrkamp Verlag, Frankfurt/M, 1984

Herbert **Marcuse**
Der eindimensionale Mensch
Luchterhand, Neuwied und Berlin, 1967, in:
Herbert Marcuse, Schriften, Band 7
Suhrkamp Verlag, Frankfurt/M, 1989

Meyers Enzyklop.Lexikon in 25 Bänden, Band 6
„Dampfmaschine", S. 214
Bibliographisches Institut, Mannheim/Wien/Zürich, 1972

Meyers Enzyklop.Lexikon in 25 Bänden, Band 19
„Redundanz", S. 694
„Regelung", S. 711
Bibliographisches Institut, Mannheim/Wien/Zürich, 1977

Meyers Enzyklop.Lexikon in 25 Bänden, Band 21
„Sicherheit", S. 673
Bibliographisches Institut, Mannheim/Wien/Zürich, 1977

Meyers Enzyklop.Lexikon in 25 Bänden, Band 22
„Sprache", S. 331
„Steuerung", S. 561
Bibliographisches Institut, Mannheim/Wien/Zürich, 1978

Meyers Enzyklop.Lexikon in 25 Bänden, Band 23
„Technik", S. 269
Bibliographisches Institut, Mannheim/Wien/Zürich, 1978

Meyers Enzyklop.Lexikon in 25 Bänden, Band 25
„Wertung", S. 257
Bibliographisches Institut, Mannheim/Wien/Zürich, 1979

Anil **Nerode** / Richard A. Shore
Logic for applications, 2nd edition
(Department of Mathematics, Cornell University)
Springer Verlag New York Inc., 1997

Jochen **Petry**
Modicon A1120/A250 - Das Softwarepaket ALD25
AEG Aktiengesellschaft, Seligenstadt, 1993

Annemarie **Pieper**
Einführung in die Ethik
A. Franke Verlag Tübingen und Basel, 5. Auflage, 2003

Gerhard **Pressler**
Regelungstechnik, Erster Band (Grundelemente)
Bibliographisches Institut, Hochschultaschenbücher Verlag, Mannheim, 1964

Friedrich **Rapp**
Analytische Technikphilosophie
Alber Verlag, Freiburg/München, 1978

Friedrich **Rapp**
Die Leistungen der Technik und ihr Preis
Aufsatz in Meyers Enzyklop.Lexikon in 25 Bänden, Band 23, S. 271-274
Bibliographisches Institut, Mannheim/Wien/Zürich, 1978

Werner **Ramert**/Ingo Schulz-Schaeffer
Technik und Handeln, Aufsatz in:
„Können Maschinen handeln?", Soziologische Beiträge zum Verhältnis von
Mensch und Technik
Campus Verlag, Frankfurt, 2002

Kenneth H. **Rosen**
Discrete Mathematics and its applications
Random House Inc, New York, 1988, 1995, 2007

Alfred North Whitehead / Bertrand **Russell**
Principia Mathematica
Übers. Von Hans Mokre, Vorwort von Kurt Gödel,
Suhrkamp Verlag, 1. Auflage, Frankfurt am Main, 1986
Original von Whitehead und Russell: Cambridge University Press, 1925

Gerhard **Schurz**
Einführung in die Aussagen- und Prädikatenlogik
Vorlesungs-Skriptum Heinrich-Heine-Universität Düsseldorf, 1995

Gerhard **Schurz**
"Kinds of Unpredictability in Deterministic Systems", in:
P. Weingartner/G. Schurz (Hg.), *Law and Prediction in the Light of Chaos Research*, Springer, Berlin 1996, S. 123 -141.

Gerhard **Schurz**
The Is-Ought Problem
Kluwer, Dordrecht, 1997

Gerhard **Schurz**:
Einführung in die Wissenschaftstheorie
WBG Wissenschaftliche Buchgesellschaft, Darmstadt, 2006

Robert **Spaemann**
Technische Eingriffe in die Natur als Problem der politischen Ethik
Aufsatz im Reclam Nr. 9983 "Ökologie und Ethik"
Herausgeber Dieter Birnbacher, 1991

Wolfgang **Stegmüller**
Hauptströmungen der Gegenwartsphilosophie, Eine kritische Einführung
3. wesentlich erweiterte Auflage, Alfred Kröner Verlag, Stuttgart, 1965

Wolfgang **Stegmüller**
Hauptströmungen der Gegenwartsphilosophie, Band 4
Kröners Taschenausgabe Bd.415, 1989

Karl **Steinbuch**
Grundbegriffe und Fragestellungen der Kybernetik, in:
Karl Steinbuch und Simon Moser
Philosophie und Kybernetik, S. 13-25
Nymphenburger Verlagshandlung München, 1970

Karl **Steinbuch**
Die Zukunft im Rahmen der Kybernetik, in:
Karl Steinbuch und Simon Moser
Philosophie und Kybernetik, S. 182-190
Nymphenburger Verlagshandlung München, 1970

Süddeutsche Zeitung v. 4.11.1996
Danilo **Suster**
Embedded Conditionals and Modus Ponens, S. 107, in:
Gerhard Schurz/Marko Ursic: Beyond Classic Logic, Philosophical and Computational Investigations in Deductive Reasoning and Relevance
Academia Verlag, Sankt Augustin, 1.Auflage, 1999

TÜV Bayern/TÜV Sachsen
Einsatz von SPS in sicherheitstechnischen Anlagen
TÜV-Akademie, München, Veranstaltungs-Nr. 3609SD921119 (Dresden), 1992

Martin **Urban**
Hoffen auf die Forschung, Angst vor der Technik
Süddeutsche Zeitung, Wissenschaft, 25.2.1993

Johannes **Weiß**
Technik handeln lassen? In:
„Können Maschinen handeln?", Soziologische Beiträge zumVerhältnis von Mensch und Technik
Campus Verlag, Frankfurt, 2002

Joseph **Weizenbaum**
Die Macht der Computer und die Ohnmacht der Vernunft
Suhrkamp Taschenbuch Wissenschaft 274, Cambridge (Massachusetts), 1975

Norbert **Wiener**
Ich und die Kybernetik
Goldmanns Gelbe Taschenbücher Nr. 2830, 1971
(Manuskript gem. Text von 1954)

Ludwig **Wittgenstein**
Tractatus logico-philosophicus, in:
Thomas H.Macho, „Wittgenstein", S. 91-166
Eugen Diederichs Verlag „Philosophie Jetzt", München, 1996

Ludwig **Wittgenstein**
Die unsinnige Frage nach dem Guten, Vortrag über Ethik, in:
Thomas H.Macho, „Wittgenstein", S. 348-359
Eugen Diederichs Verlag „Philosophie Jetzt", München, 1996

Peter Lang · Internationaler Verlag der Wissenschaften

Eberhard Simon

Technikerhaltung

**Das technische Artefakt und seine Instandhaltung
Eine technikphilosophische Untersuchung**

Frankfurt am Main, Berlin, Bern, Bruxelles, New York, Oxford, Wien, 2008.
355 S., zahlr. Abb.
Europäische Hochschulschriften: Reihe 20, Philosophie. Bd. 715
ISBN 978-3-631-57126-2 · br. € 56.50*

In dieser Untersuchung wird die Instandhaltung technischer Artefakte, neben deren Schaffung und Nutzung die dritte grundlegende Form technischen Handelns, als Teilthema der Technikphilosophie systematisch und umfassend analysiert. Nur durch Instandhaltung können die unermeßlichen und vielfältigen mittels technischer Verfahren erzeugten Werte vor vorzeitigem Verfall und Untergang bewahrt werden. Die Studie erschließt Instandhaltung in phänomenologischer (Grundlagen) und normativer Hinsicht (Instandhaltung und Gesellschaft). Die auf Unumkehrbarkeit des Handelns und ganz allgemein des Geschehens gegründete Endlichkeit seiner Dauer bindet das individuelle technische Artefakt als wesentliches Element in den Verlauf der Allgemein-, Technik-, Kultur-, Wirtschafts- und Sozialgeschichte ein.

Aus dem Inhalt: Technisches Artefakt · Begriff und Ordnungsgliederung · Instandhaltung (Begriffe, Bereiche, Verfahren) · Technische Identität und Individualität · Erhaltungsdauer · Sammlungen als technische Artefakte · Instandhaltung in Handwerk und Industrie · Wissensgewinn durch Instandhaltung · Instandhaltung, Irreversibilität, Verantwortung · Institutionen · Instandhaltung und asketische Weltkultur · Technische Sicherheit · Instandhaltung im Sozialgefüge

Frankfurt am Main · Berlin · Bern · Bruxelles · New York · Oxford · Wien
Auslieferung: Verlag Peter Lang AG
Moosstr. 1, CH-2542 Pieterlen
Telefax 00 41 (0) 32 / 376 17 27

*inklusive der in Deutschland gültigen Mehrwertsteuer
Preisänderungen vorbehalten
Homepage http://www.peterlang.de